蔣百里將軍的國防論

GENERAL JIANG BAILI'S THEORY OF NATIONAL DEFENSE

東西方文化差異造就不同國情、注定了國家的發展？

國防與民生經濟之關係該如何形成全面的部署？

蔣百里 —— 著

「舉天下之良法美意無上妙品，一一須經過這一道腐敗幽門，而後能入於中國社會，百藥罔效之總因，豈非在此。」

談文化、談歷史、談國防、談經濟……陸軍上將蔣百里，融會其一生所學所覽的著作！

目錄

第一篇　國防經濟學

第一種—與塞克特將軍、弗蘭克教授談話數據……008
第二種—塞克特將軍與弗蘭克教授之問答……012
第三種……018

第二篇　最近世界之國防趨勢

第一章　世界軍事之新趨勢……026
第二章　兵學革命與紀律進化—四月一日在中央航空學校講……035
第三章　介紹貝當元帥序杜黑《制空論》之戰理……047
第四章　張譯魯屯道夫《全民族戰爭論》序……056

第三篇　從歷史上解釋國防經濟學之基本原則

第一章　從中國歷史上解釋……064

第二章　從歐洲歷史上解釋……071

第四篇　二十年前之國防論

第一章　政略與策略（敵與兵）論戰志之確定……080

策二章　國力與武力與兵力……085

第三章　義務徵兵制說明……091

第四章　軍事教育之要旨……101

第五篇　十五年前之國防論

第一章　裁兵與國防……114

第二章　軍國主義之衰亡與中國（民國十一年作）……130

第三章　義務民兵制草案釋義……138

第六篇　中國國防論之始祖

緣起……148

計篇……150

第七篇　現代文化之由來與新人生觀之成立

第一講　古蹟與新跡……182

第二講　美術與宗教……189

第三講　個人與群眾……198

第一篇　國防經濟學

第一種——與塞克特將軍、弗蘭克教授談話數據

同外國人談天，要想得到一點益處，有兩種辦法：第一種，研究他的著作，發現了幾個問題，做幾句簡單的問句，請他答覆；第二種，將我自己的意思並疑問，述成一個明瞭的系統，先期請他看了，然後再同他談話，讓議論上可有一個範圍。塞將軍的《一個軍人的思想》等著作並佛教授的替秦始皇呼冤的王道（對霸道）主義，我是知道的。但是我這短短旅行，沒有工夫研究理論。我所需要的是解決當前問題。所以我於約期會面之先，草此一文，送給他們兩位。結果塞將軍因病，又因為忙，僅僅得了五分鐘的談話，佛教授則暢談兩回。今先將此文錄如下方：

研究高深兵學的人，沒有不感到歷史研究的重要，近世德國首先創造了歷史哲學，歷史的研究蔚成了一種風氣，足證德國軍事天才的優越、國防事業的堅實，確有學術上的背景的。就中國說來，孔子的最大努力就是編了一部有哲學性的歷史——《春秋》。不管他的微言大義對不對，但他終是努力從客觀的事實中，尋出了一個主觀的方向，所

以《春秋》是中國歷史著作一種劃時代的創作；因為社會的過程是那樣錯綜複雜，頭緒紛紛，要從中尋出幾個要點，成立一貫的系統——由此明瞭一個民族的傳統精神，確是不容易的事。中國數十年來創造新式軍隊，事事只知請教外人，結果只學得外人的皮毛（因為外人有外人的傳統精神，不是中國人所能學的），不能深入國民的心性，適應民族的傳統，以至節節失敗，原因有一部分就在於歷史沒有研究好。

古時的中國民族，當他走進農業經濟時代，就遇著遊牧民族的壓迫，可是他能應用治水術，編成方陣形的農田（即井田）以拒絕騎兵及戰車之突擊。這一個方陣，成為一個最小的抵抗單位——同時又成為共同勞作的經濟團體。所以中國古代軍制即包含於農制之中，所謂「寓兵於農」。春秋兩季更有大規模的打獵——有收穫的秋季演習——或運動會，這種寓兵於農的精神之發展，後來又造成了長城與運河，這長城與運河就是中華民族精神的象徵。

利用農民的鄉土觀念，做精神力的基礎，其結果有一個缺點，就是戰術上防守性強而進攻性弱。但是隨著經濟力的自然發展，他的攻擊性是變成遲緩的自然膨脹，如漢、唐、元、清之於陸，唐、明之於海。所以中國國民的軍事特色，就是生活條件與戰鬥條件的一致。我於世界民族興衰，發現一條根本原則，就是「生活與戰鬥條件一致者強，相離者弱，相反則亡」。生活上之和平與戰鬥本是一件東西從兩方面看，但依人事的演進，常常有分離的趨勢。不是原來要分離，因為愚蠢的人將它看作分離。財政部長見了軍政部長的計劃就要頭痛，老粗又大罵財政部長不肯給錢。

近世史上曾國藩確是一個軍事天才家，所以湘軍雖是內戰，但就國民性看來是成功的。他知道鄉土觀念是富於防守性的，所以第一步要練成一種取攻勢的軍隊。政府叫他辦團，他卻用辦團來練兵。他一面辦團，利用防守維持地方，保守他的經濟來源，同時又練一種能取攻勢的兵。他能在和平的經濟生活與戰鬥的軍事生活分離狀況之下，雙管齊下，使分離的編成一致。

但是他的天才所以能發展，卻更有一個原因，這就是環境能給予他及他的左右一種事業的長期鍛鍊。因為同太平軍天天打仗，不行的人事實上會自己倒，行的人自然的得到了權力。但是現在談國防，誰能用國家的存亡來做人才的試驗場呢？

所以我說中國近來衰弱的原因，在於知識與行為的分離。讀書的人一味空談，不適事實；做事的人一味盲動，毫無理想。因此將我們祖先的真實本領（即經濟生活與戰鬥生活之一致）喪失了。

姑就軍事來舉一個簡單的例，不到十年前一字不識的人可以做大元帥，做督軍，他們自然具有一種統御人的天才，但一點常識也沒有，在現在怎樣能擔任國家的職務？反之，在今日南京各軍事學校當教官的，十之七八還是終身當教官，沒有直接辦事的經驗。

不僅軍事，各社會事業都有此種傾向。這可說是現在的最大缺點，所以現在建設國防，有兩個問題須提前解決：（一）如何能使國防裝置費有益於國民產業的發展？我們太窮了，應當一個錢要發生兩個以上的作用。（二）如何能使學理與事實成密切的溝通？現在不是空談，就是盲動。盲與空有相互的關係，愈空愈盲，愈盲愈空。

第二種——塞克特將軍與弗蘭克教授之問答

因為事前有相當準備，所以談話時間雖少，卻能集中於一個問題，居然得了許多我從前所不知道的材料和事實進行上的要點。如今為便於讀者計，只能把他們的話綜合起來，作為我個人的敘述。

天才家，能從現在的事實裡找出一條理想的新路的，在中國有曾國藩的辦團練兵，即軍事經濟雙管齊下的辦法。在德國，亦可謂無獨有偶的有一位菲列德大王，與曾氏的辦法卻不謀而合。他第一天即位，就開庫濟民。有人說他受了中國哲學的影響（其實這不是現在人所謂東方文化，這是一種農業文化，中歐當時完全是農業社會，所以對於中國哲學容易感受），在中歐諸邦君間，能懂得「百姓足，君孰與不足」的道理。他的軍隊以傭兵為基礎，而且傭的是外邦兵。因為普魯士人口當時不過二百五十萬，而軍隊倒有八萬多。如果將邦內的壯丁當了長期的兵，就沒人種田，結果會鬧成軍餉無著。

因為傭的是外邦人，所以他在軍事教育上發明瞭「外打進」的教育法——（孔子教顏淵以「非禮勿動」為求仁之目）就是從外表的整齊嚴肅，以浸潤之，至於心志和同。軍事有了辦法，他隨時注意到國富之增加。傳說他想種桑、種棉，以土性不宜未能成功。所以七年戰爭除得了英國若干補助外，對俄、法、奧四周包圍形勢下的苦戰，而國民生活還能維持過去。弗蘭克於此，特別注意說：「你要知道，菲列德的軍事經濟調和法，雖則現在全變了，但是他還留下一件真正法寶，為德國復興的基礎，這就是官吏奉公守法（精神與組織）的遺傳。有了這個正直精神，所以今天敢談統制經濟。」

當時君民較親，官吏中飽之弊，肅清較易。不過他能將此精神，應用到法律的組織上，如制定退伍恩給之類，所以不至於人亡政息，而能遺傳下來。

英雄的遺產，是不容易繼承的。可是不能怨英雄，只能怨自己習慣老是引頭腦走舊路，而忽略了當前事實的改變。法國革命了，拿破崙出來了，帶了一群七長八短的多數民軍，到處打勝仗，在普國軍官看了十分奇怪。因為拿破崙也得到別一種的軍隊教育法，叫做「內心發展」。只須有愛國心、有名譽自尊心的法國成年男子，個個是勇敢的兵卒，帽子不妨歪戴，軍禮不必整齊。他的精神，恰恰同普軍相反，不是「外打進」，卻是「裡向外」。這個不整齊的法國民兵，數目上可比普魯士大得多。既然要多，那麼傭兵是最不經濟，而徵兵是最經濟的了。所以在也納吃了大敗仗以後，卻隆霍斯脫遂確定了義務兵役制。

近世經濟改革之原動，起於輪船鐵路。拿破崙看不起輪船，毛奇卻深深地把握著鐵路。他的分進合擊的策略原理，有鐵路做了工具，竟是如虎添翼。七禮拜解決了普奧問題，兩個月到了巴黎，完成了德國策略的速決主義。誰知這個速決主義，又害死了人。因為偏於速決主義，所以許多軍事家，想不到國民經濟在戰爭上占的怎樣位置。但是當時一般經濟學家對於國民經濟觀念之不徹底，也是一個原因。

當一千九百八十七年（有誤，應為一九〇六）間摩洛哥發生問題的時候，德國態度很強硬。英法兩國卻暗中聯合各國，將商業現金存在德國銀行的儘量一提。這時德國中央銀行沒有預備，遂發生了恐慌。有人說德國態度因此軟化，這可以說歐洲大戰前，經濟戰爭的預告。

在這時期中，德國參謀本部出版的《兵學季刊》中有一篇《戰爭與金錢》的研究，（此文我於民國五年為解說《孫子．作戰篇》起見曾經譯出，託《東方雜誌》發表，不幸的遭了碰壁，所以始終沒有與社會想見。亦可見當時的人們對此不很注意。）後來又有一篇《戰爭與民食》研究。偌大一個兵學研究機關，於範圍最廣闊，事件最深刻的經濟問題，戰前只有一篇論金錢、一篇論糧食的文章討論到戰時經濟，民間的經濟家也只有一位雷那先生的《德國國防力的財政動員》。

到了八月一號宣戰，八號賴脫腦就提出統制原料的建議於政府，在軍政部內因此添設了一個資源局。但是內務部卻拒絕了，理由是軍事所需的原料，已由軍部與商人訂約承包，到期不交要受罰的（賠錢），現在統制原料反可使社會不安。哪裡知道封鎖政策成功，有了現金，還是買不了東西。可見當時以世界經濟市場為根據的頭腦，對於戰爭的新經濟事實的觀察，是如何謬誤。

慷慨就死易，從容赴義難。義務兵役制實行了百年，說國家可以要人民的命，人民是瞭解的；世界市場商業經濟之下，說國家可以要人民的錢，可是人民不容易瞭解。

軍事範圍擴充到民生問題，而內政上就發生了許多扞格。戰事進行中防市儈之居奇，於國民生活必需品，政府加以一定的價格，不准漲價，這是正當的；但是軍需工藝品是目前火急所需要，軍部卻不惜重價地購買，其結果則工廠發財，農民倒運。多數的農民，投身到工廠去，輕輕地暗暗地把土地放棄了。經濟生活根本地動搖了，社會的不平衡一天重似一天，而百戰百勝的雄師，遂至一敗塗地。

事實轉變太快了，人的腦筋跟不上。可是弗蘭克教授，還是拍膝嗟嘆地說，「咳，不患寡而患不均！」

經過了這場創巨痛深的經驗，才漸漸地成立了國防經濟的新思想。此種思想，如何而能按照實際發生有效的能率，是為國防經濟學第一篇所發的兩個問題，即是國防經濟學的成立之基礎。

(一) 生活條件與戰鬥條件之一致，即是國防經濟學的本體。

(二) 經濟是一件流轉能動的事實，所以從事實上求當前解決方法，是治國防經濟學的方法。

不過這種學問，在德國來說，又另有一種意義，因為大戰以後，德國國力，整整損失了三分之一。這三分之一的力量，又一律加到了敵人方面去。德國民族要想自強，正要從不可能中求可能。人家說「巧婦難為無米之炊」，但在德國「無米」已成了不動的前提，而生存的火，如果不炊，就是滅亡。所以有米要炊，無米也要炊。說也奇怪，絕處自有生路。他們的方法大概可分為兩種：第一，用人力來補充物力。沒有地，用義務勞動來墾荒，沒有油，用化學方法來燒煤，乃至橡皮肥料等種種。第二，用節儉來調劑企業。沒有牛油，少吃半磅，沒有雞子，少吃一個。可是五千萬造煉油廠，七萬萬造國道，卻放膽地做去。照普通經濟學說來，有些違背自然原理。但是比俄國沒收農產物，到外國來減價出售，以換取現金，購買五年計劃的機器，還算和平得多啊！

第三種

由導言一可見，國防經濟學的原則是最舊的，而世界上最先發明這個原則的還是我們的祖宗。可是這個發明，也是經過了一場慘痛的經驗，幾度的呼天泣血，困心橫慮，而後增益其所「不能」的。這就是孟子說的「大王事獯鬻」，講盡了外交手段，竭盡所能的珠玉皮幣，結果還是「不得免焉」。所謂「窮則通」，因此想出一個又能吃飯、又能打仗的兩全其美的辦法。到了後來，周公又把這方法擴大了，一組一組地派出去殖民（封建），建立華族統一中夏的基礎。一線相傳，經過管仲、商鞅、漢高、魏武，一直到曾國藩、胡林翼，還能懂得強兵必先理財的原則。（《讀史兵略》第一卷衛文公章下胡林翼的唯一批語）

從導言二可見，這個原則又是最新的，歐洲以前最肯研究兵事的德國也不知道，研究經濟學的也不明白。到了戰勝之後，凡爾賽會議的世界大政治家還是不知道，所以國聯盟約裡要想用經濟絕交的手腕來維持和平。喬治．克里孟梭在一九一九年還要抄一八

○九年拿破崙失敗的老文章，殊不知經濟絕交，只能用之於戰時，不能用之於平時。因為人們可以禁止他鬥爭，而不能禁止他生活。但是能夠生活，就能戰鬥，戰鬥與生活是一件東西。德國之復興、義人利發展之可能性，都是根據這原理，而同時卻是受國聯盟約刺激而來。

但是要想解決中國當前的國難問題，復古也不行，學新也不行。還是從新古兩者中間再闢一條路，如今且從世界全體狀況來說起，所謂國力的原素（戰鬥的與經濟的是同樣的）可以大別之為三種：一曰「人」，二曰「物」，三曰人與物的「組織」，現在世界上可以分為三組：

第一組三者俱備者，只有美國。實際上美國關於人及組織方面尚有缺點，所以美國參謀總長發過一句牢騷話說：「如果開戰，我們要把那些破爛鋼鐵（就指現在的軍實）一起送到前線去，讓他去毀壞，只教能夠對付三個月，我們就打勝仗了。」這句話的意思，是表示他國內物力（包含製造方與原料）的充足。而因為商人經濟自由主義太發達，政府無法統制，不能照新發明改進，所以說人及組織上有些缺點。但是這個缺點，有他的地勢，並製造方之偉大、人民樂觀自信心的濃厚，補救得過來。

第二組是有「人」有「組織」而「物」不充備的，為英、為法、為德、為意、為日，以及歐洲諸小邦。這裡面又可分為二種：

第一種如英如法，本國原料不足而能求得之於海外者，物的組織長於人的組織。第二種如德如意，原料根本不夠，專靠人與組織來救濟。

第三組為有「人」有「物」而組織尚未健全者，為俄。

今日歐洲人所勞心焦思者，重點偏於物之補充，所謂基礎武力 Force Potentielle 者，即是此義。至於人及組織之改善，要皆由於物之不足而來。故若將今日歐洲流行之辦法強以行之中國，其事為不可能，抑且為不必要。

蓋今日之中國亦處於有「人」有「物」而組織不健全之第三組，而中國之生死存亡之關鍵，完全在此「組織」一事。此在稍研究德法兩國歷史者皆可知之。菲列德、拿破崙軍事行動的天才，不過為今日策略者參考之具，而其行政系統之創造保持，則迄今百年，而兩國國民實受其賜。德國之外患經兩度，法國之內亂經四度，皆幾幾可以亡國，而不到二十年即能復興者，此行政系統之存在故也。故中國不患無新法，而患無用此新法之具；譬如有大力者於此，欲挑重而無擔，欲挽物而無車，試問雖有負重之力，又何用之？

今日中國行政範圍內未始無系統之可言，如海關，如郵政，確已成為一種制度；雖不敢謂其全善，但較之別種機關，已有脈絡可尋。故今日欲談新建設，則內而中央，外而地方，皆當使一切公務人員有一定不移之秩序與保障，此為入手第一義。

我說中國最沒出息一句流行話是「人亡政息」。（這一句話是戰國時代以後造出來的，孔子不會說，孔子時代是政息而人不亡。）天天在那裡飲食男女，何至於人亡？政治原是管人，人亡而政可息的政，絕不是真正好政，像一大群有知識的人，內則啼饑號寒，外則鑽營奔走，而負相當職務的，又時時不知命在何時，誰還有心思真正辦事？

官吏有了組織，在國家說來，是政府保障了官吏。在個人說來，實在是官吏被質於政府，他的生命財產名譽一輩子離開不了他的職務，然後政府可以委任以相當責任。德人有一個專門名詞，名曰「勤務樂」，這個勤務樂是與責任連帶而來。若如現在的一個衙門的公事只有部長一人畫稿負責，這勤務樂就永久不會發生，而且一定弄到事務叢脞。拿了這樣朽索，來談今日世界的物質建設，可以斷定三百年不會成功。

官吏組織不過是最小條件，現在要談全國的社會的組織問題，則範圍更大而深刻了，原來中國現在還脫離不了農業生活，而農業生活單位組織的家庭制度，已經破壞無餘。周代的宗法，財產傳長子，是農業的標本精神（日本現在民法還是如此，所以新興的知識階級都是次男），不知幾時發生了平分財產的習慣，一個較好的中農階級經不上二代就把他的土地分得不成樣的零碎。不僅如此，一個家如有兩個兄弟，不是互相推諉，就是互相傾軋。（德國從前有限制分地法，因為德國民法也是平均分配於子女，所謂兩馬勞作單位，是農田以兩個馬一天所能勞作的範圍為最小單位，此單位不准分割。）

所以到今日，先生們有的還在那裡攻擊禮教，有的還在那裡想維持禮教。其實一隻死老虎，骨頭已經爛了幾百年，一個還要尋棒來打它，一個還要請醫生來打針，豈非笑話？

不過人類總是有群性的，而經濟生活總是由彼此互助而發展，這裡面本有天然的組織性。如果仔細考察，就可發現新組織的辦法。這種辦法不外乎兩條路，而應當同時並舉。一條是地域的組織，一條是職業的組織。

農民之愛土地，可說是愛國心的根苗。土地依天然之形勢，自有其一定之區劃，順其自然之勢，而國家所注重者，只在這許多個重要的神經結。這個神經結在軍事上名之曰策略要點，然同時又必為經濟中心。在中國幅員廣闊的國家，這幾個神經結應該由中央直接管理，而其餘的地方不妨委之於地方自治，而中央為之指導。自治之單位應從地方之最小單位起，而提倡每單位間之共同利益，及單位與單位間之互助，為政府指導之大方針。

職業的組織應以固有的同業公會為基礎：（1）凡業必有加入公會的義務；（2）業必須由國家分類，其數不可過多；（3）公會辦事員應由同業選舉，而祕書長應由中央選任；（4）各地祕書長應隸屬於國家最高經濟會議。

「工慾善其事必先利其器」，我們現在這個「器」還不曾完備，而即刻想直抄外國的藍本，必至有其名無其實，而地方會發生種種危險。但是經濟與國防兩件事是天然含有世界性的，所以件件又必得照外國方法做。又要適於國情，又要適於應付世界，這中間有俟乎所謂「組織天才」，中國的管子、商鞅，外國的菲列德、拿破崙就是模範。

第二篇　最近世界之國防趨勢

第一章　世界軍事之新趨勢

敘言

龔孟希兄因為我剛從歐洲道由美洲歸來，軍事雜誌又適以此題徵文，乃轉徵及於我。起初很高興，但執筆的時候，忽覺頭痛，何以故？因為對著題目一想，就有兩種深刻慘痛之思想隱現於腦際：（1）不錯，我是剛從歐洲回來，可以曉得現在最近世界軍事的形勢；但是我所見的事，所讀的書，是一九三六年的，卻都是一九三五年活動的結果；譬如我目前，所有最新的軍事年報，題目是「一九三五年的世界軍備」，而內容所說的，卻是一九三四年的實跡，在我為新，在彼為舊，拾人唾餘，以自欺欺人，良心上有點過不去；（2）德國的遊動要塞（就是國道）一動就是幾萬萬馬克，法國巴黎的工廠搬家費（為防空故）一動又是幾萬萬佛郎，到最近的英國白皮書，那一五萬萬磅的，更可觀了！軍事之所謂新的就是建設，在今日中國，幾乎沒有一件，是固有經濟力所擔任得起的；那麼談新趨勢，豈不是等於「數他人財寶」，說得好聽，做不成功。——但是後來，這兩種苦痛，到底用兩句成語來解決了，第一句是「溫故而知新」，第二句是「天下無難事，只怕有心人」。所以徵文的題目，是「新」趨勢，我卻要談幾件「故」事，徵文的題目是「軍事」之新趨勢，我卻要談一點「經濟」的新法則，如果責備我文不對題，我是甘受的。

故事先從普法戰爭說起：第一件是師丹（Sedan，色當）這一仗，拿破崙第三以皇帝名號，竟投降到威廉一世之下做俘虜。他投降的時候說一句話：「我以為我的砲兵是最好的，哪知道實在是遠不及普魯士，所以打敗了。」拿破崙倒了，法國軍人可是鏤心刻骨記得這句話，於是竭忠盡智的十幾年工夫，就發明瞭新的管退炮。這種快炮在十九世紀末，震動了歐洲的軍事技術家，德國也自愧不如，所以改良了管退炮之外，還創造了野戰重炮來壓倒他。但是俗語說得好，「皇天不負苦心人」，法國軍人以眼淚和心血發明的東西，到底有一天揚眉吐氣。時為馬倫戰役之前，德國第一軍、第二軍從北方向南，第三軍從東北向西，用螃蟹陣的形式，想把法國左翼的第五軍夾住了，整個的解決他。法國左翼知道危險，向南退卻，德國卻拚命地追。在這個危期中，法國第五軍右翼的後衛，有一旅砲兵乘德國野戰重砲兵不能趕到之前，運用他的輕靈敏捷的真本領，將全旅炮火摧毀了德國一師之眾。橫絕的追擊不成功，害得今天魯屯道夫老將軍，還在那裡嘆氣說：「誰知道法國拚命後退，包圍政策不能成功。」（見《全體性戰爭》）而貝當將軍，因此一役，卻造成了他將來總司令之基礎。我們要記得有人問日本甲午戰勝的原因，日本人說：「用日本全國來打李鴻章的北洋一隅，所以勝了！」

所以拿破崙敗戰的是「故」，管退炮的發明是「新」，由管退炮而發展到野戰重炮是由「新」而後「故」。而法人善於運用野炮收意外的奇功，則又是「故」而翻「新」。

普法戰爭的時候，鐵道在歐洲已經有三十幾年的歷史了！老毛奇領會了拿破崙一世之用兵原理，便十二分注意到鐵路的應用，將動員與集中（策略展開）兩件事，劃分得清清楚楚。於是大軍集中，沒有半點阻害。但法國當時也有鐵路，也知道鐵道運輸迅速，卻將他來做政治宣傳材料（法國當時想從速進兵來因，使南德聽他指揮），不曾把他組織的運用動員與集中，混在一起。預備兵拿不到槍，就開到前線，拿了槍，又到後方來取軍裝，鬧得一塌糊塗；所以宣戰在德國之先，而備戰卻在德國之後。法國的主力軍，不到兩個月就被德軍解決，這是法國軍人的奇恥大辱，所以戰後就添設動員局，參謀部也拚命研究鐵道運輸法，結果不僅追上了德國，而且超過他，發明一件東西，名曰調節車站制，這調節車站的作用是怎樣呢？譬如鄭州是「隴海」、「京漢」鐵路的交叉點，這鄭州就是天然的調節車站。這個站上，有總司令派的一位將官，名曰調節站司令官，底下有許多部下，必要時還有軍隊（為保護用），部下幕僚多的時候，可以上千。他所管轄的路線，有一定區域，在他桌上有一張圖，凡區域內的車輛（此外軍需品等不用說）時時刻刻的位置，一看就可明白，所以總司令部調動軍隊的命令，不直接給軍長師長，而直接下於調節站司令官。站司令官接了總司令的命令，立刻就編成了軍隊輸送計劃。這張計劃，只有站司令部知道，他一面告訴軍長，第一師某團應於某日某時在某站集合，一面就命令車站編成了列車在站上等候軍隊。這種辦法，不僅是簡捷便利，而且能保守祕密，這是歐洲大戰前法國極祕密的一件事實（可是曾經被一位日本皇族硬要來看過），果然到了馬侖一役，發揮了大的作用。福煦將軍之第九軍，就是從南部戰線上抽調間來而編成的，要是沒有這調節站的組織，南部戰線抽出來的軍隊，趕不上救巴黎，戰敗之數就難說了。

所以鐵路創造了三十年是「故」，毛奇卻活用了，成了他的「新」策略。法國人又從毛奇運用法中，推陳出新地創造了調節站，把老師打倒。可見有志氣的國民，吃了虧，他肯反省，不僅肯虛心地模仿人家，而且從模仿裡，還要青出於藍的求新路。

普法戰爭以後，法國人自己問，為什麼我們會失敗？現在這個問題，發生在德國了，為什麼大戰失敗？

最要緊的，要算是英國封鎖政策的成功，原料食糧一切不夠，經濟危險，國家就根本動搖，國民革命，軍隊也維持不住，所以在戰後痛定思痛，深深瞭解了一條原理，是戰鬥力與經濟力之不可分；這原理的實行，就是「自給自足」，不僅是買外國軍火，不可以同外國打仗，就是吃外國米，也不配同人家打仗。

因為經濟力，即是戰鬥力，所以我們總名之曰國力。這國力有三個原素：一是「人」，二是「物」，三是「組織」；如今世界可以分做三大堆，三個原素全備的只有美國。有「人」有「組織」，而缺少「物」的是歐洲諸國，所以英法拚命要把持殖民地，意德拚命要搶殖民地；有「人」有「物」，而缺少「組織」的，是戰前的俄國，大革命後，正向組織方面走，這是世界軍事的基本形勢。

在這個形勢下，最困難，同時又最努力的，當然要算德國；因為大戰失敗後，經濟主要物的「錢」，是等於零，「物」有整整減少全國三分之一，加到敵人方面去，現在只剩有「人」與「組織」。在這絕路中，巧婦居然發見了「無米之炊」的辦法，所以我說「天下無難事，只怕有心人」。

這個辦法，德國發明瞭，世界各國總跟著跑，這就是世界各國現在取消了財政總長，換了兩位經濟總長。而這位總長的全副精神，不注重平衡政府對於國內的歲出歲入，而注重在調節國家對外貿易的出超入超。海關的報告書，比國會的預算案增加了十倍的價值。原則是這樣的，凡是要用現金買的外國貨，雖價值不過一毫一釐，都要鄭重斟酌，能省則省，凡是一件事業，可以完全用國內的勞力及原料辦的，雖幾萬萬幾十萬萬儘量放膽做去。所以現在德國一會兒沒有雞蛋了，一會兒沒有牛油了（因為農產不夠須從外國輸入），窮荒鬧得不成樣子，可是一個工廠花上了幾千萬，一條國道花上幾十萬萬，又像闊得異乎尋常。

國防的部署，是自給自足，是在乎持久；而作戰的精神，卻在乎速決，但是看似相反，實是相成：因為德國當年偏重於速決，而不顧及於如何持久，所以失敗；若今日一味靠持久，而忘了速決，其過失正與當年相等。

有人說：「大戰時代的將軍都是庸才，所以陣地戰，才會鬧了四年，如果有天才家，那麼陣地戰絕不會發生。」現在天空裡沒法造要塞，空軍海軍都是極端的有攻無守的武力，所以主帥的根本策略，還是向速決方面走。

新軍事的主流，是所謂「全體性戰爭」。在後方非戰鬥員的勞力與生命，恐怕比前線的士兵有加重的責任與危險，而一切新裝置之發源，在於國民新經濟法的成立：「戰爭所需要，還是在三個『錢』字。」（義大利孟將軍之言）

德國人第一步，是經濟戰敗，第二步卻是思想戰敗。思想問題，可是範圍太大了，姑從軍事範圍內來說明。恰好有去年國防總長勃蘭堡元帥，為兵學雜誌做的一篇短短的宣言，不僅可以看見將來兵學思想的趨勢，還可以作我們雜誌的參考：「德國國防的新建設，及未來戰爭的新形式，給予我們軍官的精神勞動以新的基礎及大的任務，所以有這新成立的兵事雜誌。

他是嚴肅的，軍人的，精神勞動之介紹者；如同從前的《兵事季報》在軍官團統一教育上負有絕大的工作，今日這種新雜誌，是真（學術的）和光（精神的）之新源泉，即是從『知』到『能』的一條堅固的橋樑。

有三個原則可以為兵學雜誌之指標：

（一）一切既往的研究，如果不切於現在及將來的事實，是沒有用的。

（二）全體比區域性重要。細目在大局裡，得到他的位置。

（三）思想的紀律，包含於軍紀之中，著者與讀者須同樣負責。」

這三條指標須加以簡單說明：

第一條解釋十九世紀的初元，德人好為玄想（故有英制海、法制陸、德制空之諷詞，此「空」非今航空之「空」，乃指康德之哲學），矯其弊者，乃重經驗重歷史。其實加耳公爵（德國第一人戰勝拿破崙者）言「戰史為兵學之源泉」的原則，仍是不變，而德人後來，不免用過其度。最近義大利杜黑將軍之《制空論》一書，刺激了許多青年軍官的腦筋，望新方向走。杜將軍反對經驗論，以為經驗是庸人之談，以創成其空主陸（海）從之原則。他的立論，在當時雖專為空軍，但是思想涉及戰爭與兵學之全體，他的運用思想方法，也別開生面，杜黑可名為最近兵學界的彗星！能運用杜黑思想於陸軍，恐怕是將來戰場上的勝者！這是勃元帥新的急進派的理想，而可是用穩健的態度來表明。

第二條解釋十九世紀下半期，德國科學大為發達，而軍官又以階級教育之故，有專識而無常識，故世人譏之為顯微鏡的眼光，言其見區域性甚周到而忘其大體也。當年德國外交經濟乃至作戰失敗原因，未始不由於專家太多，看見了區域性，看不見全體之故。

第三條解釋「一國的兵制與兵法，須自有其固有的風格。」此是格爾紫將軍之名論。現在兵法，仍分為德法兩大系，英接近於德，俄接近於法。德國自菲列德創橫隊戰術，毛奇加以拿破崙之戰爭經驗，而活用之普法戰爭前，十七年工夫，其大半精力費於教育參謀官，使其部下能確切明瞭，而且信任主帥戰法之可以必勝，在毛奇名之曰「思想的軍紀」。故德之參謀官，隨時可以互調，而不虞其不接頭，此德國軍官團之傳統精神也。大戰失敗以後，理論不免動搖，近時著者對於施裡芬、小毛奇、魯登道夫乃至塞克特將軍之議論，不免有攻擊批評之態度（近日已禁止），故勃將軍鄭重宣告，欲恢復其固有之傳統精神也。

第二章　兵學革命與紀律進化——四月一日在中央航空學校講

奉委員長命令，並蒙蔣副校長之招待，茲將最近在歐洲視察所得，擇其大要，與諸位一談。

在未講本題以前，先要將我們的祖先，我們的民族英雄，他的屍骨現在還能照耀湖山而發生光彩的嶽武穆所說「運用之妙，存乎一心」兩句話來解釋一番。這是嶽武穆由於經驗得來的一句兵學革命的名言，同時即是現代實戰的方法。但是過去一般不懂軍事的人卻解釋錯了。他們斷章取義把「存乎一心」誤解為存乎主帥一人的心——就是看重了一個「心」字，而把這個「一」字看輕了。原來這個「一」字應當作為動詞解，不應當作「心」字的形容詞解。書上明明說著武穆好散戰，宗澤戒之，武穆答曰：

「陣而後戰，兵法之常。運用之妙，存乎一心。」「陣」字用現代兵語講，就是「隊形」，隊形的作用，就是使多數人能夠一致動作。譬如檢查人數，要是一百個人東一堆，西一堆，一時就數不清，如果排成兩行，一看就明白。所以戰鬥要用橫隊，就是要使多數人能在同一時間使用武器。運動要用縱隊，就是多數人能容易變換方向，適合於道路行進。所以用外國戰術演進史來解釋，陣而後戰的「陣」，就是德國菲列德式的橫隊戰術。「散戰」，即是「人自為戰」，即是拿破崙的散兵戰。嶽武穆是發明中國散兵戰的人。(不是因為當時的武器，是因為當時的軍制。)

人自為戰最要注意的問題，就是特別須要紀律，就是特別須要一致。諸位學過陸軍的，都知道現代戰爭要把隊伍疏開成散兵線才能作戰。但隊伍成了散兵線之後須利用地形，故隊伍不必求其整齊，放槍也不要求一起，各人各利用地形，各人各瞄準。這一種自由的紀律，比規定的死板的紀律，要強得多。所以嶽武穆說：「運用之妙，存乎一心」，這就是說：有紀律的人自為戰，在形式上差一點，是無關緊要的，最要緊的是精神上的一致，倘精神紀律能夠一致，一定可以打勝仗，這種論理，嶽武穆與拿破崙所發明都是一樣的。我們知道，當法國大革命時，拿破崙統率一群訓練時期很短的民軍，把歐洲許多國家已經訓練了一二十年的老兵，打個敗仗，就是有紀律的人自為戰的結果。

講到軍隊紀律之進化，可分三大段：

第一階段，紀律是靠法——也可以說是用刑——來維持的，在野蠻時代練兵方法都是用刑法來督責士兵，不聽話不服從，使打他，甚至於殺他，因為在野蠻時代，不用刑罰，便無法統率士兵。德國在十八世紀，也是傭兵制度，尤其是普魯士都是傭外國人當兵，與外國人打仗，使自己的百姓能從事於耕種，以免軍餉無著。普魯士起初都是訓練外國兵，士兵稍有不對，立即鞭撻，故普魯士之練兵方法，以嚴格著稱於世，這完全是以形式來樹立軍紀。

第二階段，軍紀是依情感來維繫的，這比較用刑法來維持的算是進了一步，用情感來維繫軍紀，可以分為兩方面來講：一種是官長待士兵很好，上下感情融洽，士兵由於情的感動聽受官長的指揮。另一種則因後來兵額擴充，兵與兵之間發生感情，或由於同鄉同省的關係發生感情，來維繫軍紀（參觀下文軍隊教育章）。但是歷來帶兵的人，總是法與情兩者並用的，這在中國就是所謂「恩威並濟」的方法。

第三階段，現代由於兵學革命，紀律也跟著進化到了自由——也可以說是自動——的時代。軍紀還可以自由嗎？為什麼現代軍紀要進化到自由的地步呢？先要知道自由的意義。我說靠「法」或「情」來維持的軍紀，都不是真的紀律，真正的紀律，絕不是國家的法律或官長的情感所能勉強養成功的。現代的紀律要由各人內心自發的，尤其是空軍的紀律，非走上自由——自動之路不可。就以最易統率的步兵來講，在歐戰初期，在陣地上連長還可以照顧全連的士兵，但是到了歐戰末期，武器進步，不僅連長不能照顧全連一百多名士兵，就是一個排長，在戰場上有時也照顧不了一排的士兵，你要照顧士兵，就先受到傷害。所以現在各國不僅要空軍能各個獨立作戰，就是向來最易統率的步兵，也要養成各個均有單獨作戰的能力。要養成這種紀律，絕不是外力所能造成的，完全要由內心自發的。在軍事教育上本來是有兩種方法，一種叫做「外打進」，一種叫做「裡向外」。「外打進」的方法，就是從外表儀態的整齊嚴肅，行動必須規規矩矩（孔子教顏淵「非禮勿動，非禮勿視，非禮勿聽」為求仁之目）以浸潤之，使心志和同，養成紀律。至於「裡向外」的方法，這是拿破崙所發明的，其教育方法是啟發其愛國心、自尊心，使人人樂於為國犧牲，但外表則不甚講求，故帽子不妨歪戴，軍禮不必整齊，然而實際作戰，便能得到非常的成績。當法國在大革命時，人民不管自己對於槍會不會開放，但是一聽到「祖國危險了」的口號，成千成萬的人便自動地拿起槍桿上前線與敵人作戰。法國有一張圖畫，是紀念革命時代人民愛國的心理。其圖為一家族，有絕美的太太，有極可愛的小孩，同男人正在一桌吃飯。忽然門口飛進一張紙條，紙上寫了「祖國危險了」幾個字，於是男人就放下飯碗奪門而出，踴躍赴戰場應敵。那時法國四面都是敵人，而且敵人的軍隊都經過長期的訓練，論武器亦較法國民軍優良得多。但是法國民軍作戰的精神，個個都勇敢非凡，所以在拿破崙未出世之前，法國一個國家，已經可以抵抗全歐洲的敵人。故自法國革命以後，便可以證明人民為國犧牲是無可留戀的。軍事教育雖然有分「外打進」、「裡向外」兩種，但是現在各國練兵方法，都不偏重於一種，而是兩種並用的。他們軍事家一致感覺，必須訓練使他們的士兵沒有長官而能打仗，這才是好軍隊。近代戰爭要人自為戰，並且每個人都要由內心的自覺來遵守紀律，這才是近代最進步最高等的軍紀。

說起自動的守紀律，我可以用寫字來做比喻。比方我們寫信給朋友，往往覺得字寫得不好看，要重新寫一遍，其實對方朋友並沒要求我的字寫得怎樣好看，這就是由於自己的興趣所發動的，非如此便感覺不痛快。又如做文章，往往改了又改，這都是自求滿足的精神的表現。現在軍事上由於兵學革命，紀律非出於自動不可，比方現代戰爭，一個連長在戰場上無法可以照顧全連人，所以連長在平時要教導士兵，到了戰時，在戰場上能照他所講的自動去做，這算是一個好連長。空軍的紀律尤其要出於自動的。倘使飛行人員不能自動地守紀律，司令官要他去擔任某種任務，他卻駕了飛機在天空亂飛一陣回來；至於是否達到任務，司令官耳目不能看到，自然不得而知。所以我說空軍的紀律，必要出於自動，才算是一個現代的空軍戰鬥員。

現在再講自動紀律的意義，先要明白個人與社會的關係。墨索里尼解釋個人的說法，他說，個人是由於過去無數代的祖宗，所遞遺下來的，個人也可以遺傳未來無數代的子孫，所以個人是社會造出來的，個人是屬於國家的群眾的，個人的發展，也就是社會全體的發展，所以個人可以說不是自己的，是國家的。我們中國在「九一八」以前，國內黨派很多，彼此意見不能一致，但自「九一八」以後一直到現在，全國民眾對於中央政府及蔣委員長均一致竭誠擁戴愛護。這就是國民走上自動紀律道路上的證據。以前在軍隊裡如果大家不能一致，長官就要用刑罰來督責你。現在我們整個國家不能統一，民族意志不能一致，上帝的刑罰就要加到我們頭上來，而這種刑罰不比普通的刑罰，它可以使你亡國滅種，幾代不得翻身。

再從紀律的進化講到兵學革命。最近我看航空雜誌上有人為文介紹杜黑主義。杜黑這個人原來是學砲兵的，後來又學空軍，歐戰時候，因為大膽地說明意國軍隊的不行，曾經坐了一年牢。後來意軍大敗，研究原因，原來都是杜黑當年所報告指摘過的，所以戰役將終，又恢復原官升為將官。他的理論在十年前，英、德、法各國軍事家都當他是一個瘋子或理想家。他的理論自成一派，可是在十年之後，現今世界各國軍事學家，都很注意研究他的主義，並且看到有一法國軍官研究杜黑主義，著成一部專書，法國貝當大將並且做了一篇很長的序文，現在德國人又將它翻譯。杜黑主義的立論雖系以空軍為對象，現在海軍是否已受其影響，我不是海軍專家，不能肯定下斷語，但是陸軍現在已走上杜黑主義之路。所謂杜黑主義，蓋即採取新攻擊精神的戰術是也。（杜黑主義後文另詳）

將來戰爭，要怎樣才能致勝呢？我可以說，陸軍強不中用，海軍大不中用，空軍勇也不中用；將來得勝的要訣，你要從陸海空中間來尋。這個方向是杜黑發明的，可是現在歐洲的策略家，還在東走走西走走，沒有得到確定的路線。有幾個人，不自覺地走上這條路，居然成功。現在同諸位空軍官長說，我先舉一個例，你們知道意國巴而霸空軍飛渡大西洋的成功罷。但是要知道，這不專是空軍做的事，他在二三年前，飛機還在打圖案時代，已經派了許多巡洋艦，在那裡測量氣候了，空軍飛行的路線是海軍定的，所以人家說林白的飛行成功是勇氣，巴而霸的飛行成功是頭腦。這件事是未來大戰術的一點光，諸位須要切記的。

我如今再從戰史上講一件事，作為諸君用心的基礎。我們現在這個「師」字，歐洲原文叫做division，這個字的原義，是「分」的意思，在十八世紀時代，步兵騎兵砲兵大概各自集團使用，拿破崙就能將遲重的砲兵輕快地使用。所以能將步騎炮三種兵聯合起來，組成一個能獨立作戰的師，而以師為作戰的單位。這個單位的發明，是戰術上的一大進步。現在各國陸軍大學研究戰術，都以此為基礎。我的思想，將來的空軍就是騎兵，海軍就是砲兵，陸軍就是步兵。但是現在各國還沒有一最高大學，來研究陸海空三兵種一致作戰的辦法。這是世界留給我們發展能力的餘地，我們不可辜負了他的美意。

明明是步騎炮三兵種聯合起來，才成為一師。那麼「師」字的意義，應當叫它「合」，何以又取「分」的意義？這裡面含有很深的意思，因為樣樣都有（合）才能獨立（分）作戰。合與分有聯帶的條件，這不僅是戰爭的真理，也就是人生生活的原則。如果種田的人反對織布的人，那麼他有飯吃他可沒衣穿，推之百工的事都是一樣。所以要「合」才能「分」，同時又可以說要「分」才能「合」。

如果從表面來說，從前各國空軍有的是隸屬於陸軍的，有的是隸屬於海軍的，這不是空陸空海聯絡特別容易些麼？哪知道這卻是走了合的反對方向，現在主張研究陸海空聯合作戰的人，沒有一個不主張空軍獨立的，因為空軍能獨立，所以才「要」聯合，才「能」聯合。這與上文所謂「自由——自動的紀律」精神相一致，我們知道下等動物其組織最為簡單，飲食、消化、生殖都靠一種機關。生物愈進步，分功的機關愈多，而他的能力愈大，而統一的運動愈巧妙。譬如吃菜，要各味調和，譬如聽樂，要各音合奏。這才是統一，是聯合，不然就是「孤立」、「雜湊」，孤立與統一、雜湊與聯合形似而精神不同，這是千萬要注意的。

我們單就陸軍方面看，回想三十年前的步騎砲兵，真是同「阿米巴」（生物之最初）一樣，一團步兵，一律的各人一桿五響七惡，有到一尊機關槍，以為新奇。但是現在一連步兵裡，就有輕機槍、步槍、擲彈槍、手榴彈等等四五種武器，一營一團，更加複雜了。我們須要覺悟，器械如此的一天一天的複雜，就是一天一天的要求著我們的精神的統一。

各國的陸海空軍，都是望著統一聯合的路上走，但是有一種困難，就是找不到一個真正能夠統一指揮的人。如同日本，名義上當然是皇帝，但是實際辦事，陸軍參謀總長同海軍軍令部長，就立於對立的地位，彼此不相下。陸軍捧了皇帝的叔叔出場，海軍就推舉了皇后的姑丈。因為尋出一個能夠統御全軍的人物，不是一時所能做得到，而在歷史上看來幾百年不容易尋出一個來，現在英、美、法、德都感著十二分的困難。我們應當歡喜，我們應當小心，我們現在有了天然造成的陸海空唯一的領袖，譬如大金鋼鑽石，幾百年才發見一個的，我們應當如何保重他！

新戰法的方向是找到了，但是我們還要研究前進的方法。杜黑卻發見了一句很重要的話，他說「未來之於現在較過去為近」，這句話很有極深的意味。我在視察歐洲戰事回來，曾經說過，世界的物質總是向著新方向走，但人類的腦總是向過去回憶，所以思想的進步比物質的進步慢，我想這個意思很可以解釋上文杜黑這一句話。

德國人從前總是老氣橫秋地講經驗，講戰史，可是現在國防部長告誡部下，在兵學雜誌第一期第一條就說「一切過去的研究，如不切於現在與未來的事實，是沒有用的」。法國貝當將軍批評杜黑說：「他是一個革命黨，他的理論雖有些邪氣。但是他的方法，的的確確是正統派，是古典派。」可見杜黑的新學說，已經動搖了德法兩大國軍事首領的精神了。

人類的腦筋，跟不上世界的進步，這是很奇怪的真理。歐洲大戰後，各國的代表，都是當時第一流人物，但是在凡爾賽簽訂和約的時候，這許多第一流人物的政治家，便想出種種方法來限制德國的軍備。但是他們的根本思想，都是從過去著眼，所以他們的限制條件，卻反轉來做了德軍事復興的基礎。

比方限制德國軍艦不得過一萬噸，德國卻因此發明袖珍軍艦，其使用比三萬五千噸的大軍艦更加便利；限制陸軍不得過十萬人，德國把這十萬人做下級幹部用，造成了義務民兵制的基礎；禁止設陸軍大學卻使德人發明瞭參謀班的辦法，其成績比老在一個學堂裡好；最後英國人還有一件法寶，就是經濟絕交，當歐洲戰爭時候，這個方法的確有效，但是到了和平時代，德國卻因此使工業化學得到長足的進步，沒有汽油用煤來煉，沒有橡皮用化學來製造，再進一步，就建設了國防經濟學，使平戰兩時的國民經濟發生了根本的聯合，現在英法俄諸國倒反過來要去學他。

有一位老軍官告訴我說：「世界發明一種新兵器，在戰時要兩年的經驗，在平時要二十年的經驗，才能真正會使用會發揮它的長處，如同機關槍戰車都是這樣。」我希望我們大家在陸海空三軍統一作戰的眼光下，來發揚我們唯一領袖的威光——實行我們領袖嘔心瀝血而創造成新兵力的神聖職務。我們還須記得：上文所談兵學革命，不過僅僅是一點曙光，一個種子，我們還要用一切的勞力來切實追求這一點光，還要用眼淚和鮮血來切實的培養這一顆種子。

第三章　介紹貝當元帥序杜黑《制空論》之戰理

我要鄭重介紹這一篇文字，在歐洲就看見此文的德文稿，我不敢驟譯，特請莊仲文兄求得其原本，先以法文原本翻譯，再取德文以為參考。因為法文字來簡潔，而歐洲名將作文，向有一字千鈞之例，所以一字咬不明白，就會以誤傳誤。此篇所譯，雖字義或有未妥處，然其意義總不至於不明白。

何以我對於此文譯稿如此鄭重，因為這是未來戰理，即新策略之曙光。

欲明未來，先談過去。我是先在日本軍隊中研究德國戰術，他們根本是一條路線，老師教一句記一句，自己尚不曾用思想。後來到德國讀了德國戰術著述家巴爾克的《德法兩國戰術之異同》才發生對於法國戰術的興趣，才知道兵法（包括戰術與策略）有種種的不同，才知道一國要有一國固有的兵法，可以盲從，不可硬造。德法兩國戰術的不同，如今不能細談。舉個比方，德國是外家拳，法國是內家拳。我後來讀了曾國藩的《得勝歌》，深深地感覺到湘軍的戰術是有些法國風味，至於國民革命軍戰術的成功，令人完全回想到拿破崙的散兵縱隊互用戰術。

後來又詳細研究孫子，又感到中國兵法實兼有德法之長，頗發野心，欲會而通之，以建立我中國固有之兵法。但是兩種風度還是絕然不同，如何能夠會通，還是困難。

最近到德國又看見德國的新戰術，才覺得會通是可能。說也奇怪，如今德國人採用了法國戰術，法國人卻有些德國風味。現在德國軍人開口閉口總是說「重點」，一個連長的口頭命令，也要指明白重點在那裡，又有所謂步步為營法，不僅是前進攻擊，而且背進退卻也是一步一步。這多是從前沒有的。而塞克特將軍所主張空軍和地上部隊（即陸海軍）同時的攻擊，實在是法國當年支隊戰術的變相。所謂支隊戰術者，是諸兵聯合的一部隊突進於主力之前，一方破壞敵人的交通及前進，一方是掩護自己主力的集中和運動之祕密（這是弱國對強國唯一取勝條件）。而法國軍事專家，近來也承認包翼運動（以前是中央突破）之可以得最大效果。（唯優勢才能包翼）所以我現在得到了一個綜合原則：

（1）兵法的確定是必要的（確定是預備將來）；

（2）兵法的固定是不可的（固定是固守舊習），而「不為」與「遲疑」是兵法之大戒。

上文為介紹，下面開始是貝當將軍寫的序。

杜黑將軍的著作，在十年中擾動了義大利軍界，對於這個新戰理的辯論，成了一個很可珍貴的教訓。但他只有幾個回聲侵入法國，所以在法國對於此問題，不過有片段的研究，整個的原理尚沒有認識。原理的根本和論戰的結果，由伏幾安上校很明瞭地發表了。他將新的研究和反省的數據，供給於擬問未來戰爭狀態為如何的大眾。

杜黑的推論，雖然採取革命態度——將已經公認之原則，加以重新估值——但他的理論根據，仍舊是很切合於傳統的。結論或者歧異，他的出發點和方法是正確的。

他說「總是武器的威力決定了戰爭的方式」，所以一種完全新式的武器——飛機——的出現，將幾千年以來的戰爭概念推翻了。

他理論的根本動向是在尋找戰爭的最大效率，這個效率要向最高階段上去尋，就是要向國家整個的武力上求得其效率之極限。

關於陸海空軍專門的特殊的情形，在理論中排除了，對於某種武力問題，一定要等整個問題解決了方才討論。整個原理在先將各種武力的任務規定，從這裡再決定他們的組織。

空軍可以使用於各種範圍即幫助各種戰鬥分子——陸、海、防空——以外，他又能在敵國領土上獨立作戰，發生直接的作戰效果。所以空軍應組成總預備隊，使適合於各種活動。

戰爭的任務有二種：

（一）守禦的任務其目的在破壞敵人之勝利。

（二）攻擊的任務，其目的在自己求得勝利。

守禦有了充分的工具，則其餘整個的武力可以運用於決勝的攻擊。其原則在「集中全力於決勝點」。杜黑選擇了空中攻擊方法，因為飛機是絕對的攻擊工具，無法用於防禦的，在這基礎上建設了他的理論，所以各種武力的價值不能不重新估定。

最高司令部要完全改組，國家武力分為四種：陸軍、海軍、空軍、防空軍，都應當放在一個司令之下，由他來負他們分配之責。各方面軍的指揮部，受命於最高總司令部，依他們的任務，適當地取得所要的工具，照這樣才能使作戰向唯一的目的上進行。

各軍的任務，何者應攻，何者應守，應以國家整個形勢上著想，而統一於一個最後目的之下。向來各自獨立作戰的陸、海、空軍的聯合行動是取消了，現在不是「聯合」，是「統一」了。力量不分散，都指向同一目的，他們可以發揮最大效能。

杜黑改採配合方法，是將陸軍和海軍定為防禦的，而以攻擊任務專責之空軍。這是所謂「武力的經濟使用」原則之直接應用和擴大。空軍攻擊的目標至為遠大，他致力於減弱敵人的戰爭潛能，不僅攻擊武力本身，且攻擊武力的根本，他的目標是在敵人的土地上。對於敵人的空軍，空軍遠徵隊自己具備有組織的火力可以自衛。

全部組織的目的在使四種武力適宜於完成他們的使命。這便是杜黑原理的結論，看起來是革命的，或至少有點邪氣。

是否需要將一切先期決定？能否在需要之際再行決斷？換一句話說，戰爭是否需要有原理？

拿破崙說「每一動作應該依據一個方式，僥倖是不能成功的」等候，退到需要時再取決斷，是永遠跟著敵人跑，制於人而不能制人。況且對於武力組織的各種論斷，(軍制)當然須根據於各種武力使用的整個概念(作戰)。所謂「維持現狀」就是等於沒有理論，等於軍人所犯忌的「不為」與「遲疑」。一個戰爭原理的成立有沒有危險？戰爭同時有科學，也是藝術，他的性質是須經試驗的，但是在和平時代，試驗是不可能。我們會不會走到錯路上去？因開戰時幾次接觸而將原有理論推翻，是不是比較原來沒有原理更危險？原始錯誤的危險是真實的，然而不該因怕走錯路而引起反對原理的思想。我們應該審慎周詳再定原理，以減少危險性。

一個戰理的目的，是在規定各種武力運用的通則，從此尋出最好的武力組織，使用和組織之原則，是用最少限度的犧牲，得到最大勝利。因為敵人也是在尋求有利於他的同樣目的，所以應將追求的目的——勝利——分成二個目的。（一）破壞敵人的勝利（先為不可勝）；（二）自己得到勝利（以待敵之可勝）。或者說：先抵抗，後克服。

第一目的是反抗敵人的企圖而保障國土和戰爭潛能。有了上述保障時方才可以進行第二目的。倘使不顧保障即尋求勝利，這是孤注一擲。

在任何情形下先要有充分的保障（即先為不可勝），對於這個問題是毫無疑義的。保障在原理上決無錯誤，唯一的問題是不要對於保障的效能計算錯誤（如築一要塞，自以可以支援半年，結果卻被敵人一個月攻破了），地上和海上的防禦武器，在大戰中已有改進，戰後更加進步。

原理的錯誤，或許在第二日的，即在對於攻擊方法的選擇，但是這錯誤自有限度，即使錯誤因為保障方面是充分的，將來也不發生妨害。

今日的戰爭不但將職業軍隊運用，並且需要有全部資力和有自信力的民族參加。一個能決勝的攻擊，不但以破壞武力為目的，並要以破壞敵人後方民族中心為目的。要用地面的武力達到這個目的，一定先要擊破敵人的抵抗武力。飛機則相反，可以超越一切障礙，任意攻擊地面武力或對方空軍，並且打擊整個敵國、他的資源、他的自信力，所以空軍是良好的攻擊武力。它的優越的性質，是由於本身和空間發生的。空間是蒼茫，不易捉摸，他在地面海面之上，不能為地面海面所阻隔。所以人們總是依據武器技術上的功能，而決定一戰爭的動作。

在別一方面須注意的，是可使用的武力總是有限的，所以戰理上應當決定攻擊動作的方式，及其活動範圍，因為到處取攻勢是不可能的。舊原則「以強攻弱」仍是有價值的，它更是適合於空中戰鬥。舊原則「集主力於決勝點」的意義還要擴大，它推衍到將各種可用的武力來取攻勢。盡防禦任務的，只限於安全上必不可缺的一部。

若有一個合理的最高組織，可以避免資源的耗費和能力的分散，使用和組織的效能，應該在最高階段覓取，正在這個階段上需要軍政和軍令組織，所以應有統一的軍政部和整個武力的總司令部。

杜黑曾經深刻地研究過這許多問題，他很正確的將這許多問題安排好。有幾個問題，他盡了巨大的貢獻。他確是第一個人能將許多軍事問題，清楚明白地在合理方式上成立了。

問題的答案未必有絕對普遍性，他是為義大利求答案的，所以不可將他們全部移用於別國。我們不應放棄對某一情況的研究，杜黑也說過：「應該用自由的頭腦來解決問題。」

但是原理的整個研究表示了他有許多普遍的性質。不要在某一方面任性攻擊，除非自己已有普遍的充分保障。先解決整個問題，再研究各種武力的特殊問題。在整個武力的最高階段上組織統一的軍政和軍令部，這都是普遍的真理，此外尚有若干條。所以杜黑原理的研究，政治家和軍人應該同樣注意。軍事知識之活動在大戰後是很可觀的，新的理論在各處發生。英國的富來鼓吹機械化，德國的塞克特成立新理論，使空中攻擊和職業陸軍的攻擊同時施行。

杜黑預定地面防守以便空中攻擊。在戰後許多理論家中只有他成立一整個制度。在全域性上有很堅固的組織，並且在區域性方面有詳細的研究，只有他成立一個精確的原則，以決定各種武力之比例。

杜黑的研究是值得深思熟考的，他是新思想的無窮泉源。他所建的可驚的原理，一定可以影響明日的局勢。在出發點和方法上是完全正統的，在結論上則為反叛的。不要輕忽地將他看作烏託主義者或夢囈家，或許在將來將他看成為一個先知先覺者呢。

貝當上將序

第四章　張譯魯屯道夫《全民族戰爭論》序

著書難，譯書難，可是讀書也不易。序文的價值，就在使讀書的人得到一種讀的方法。因為凡著一本書，對於環境的情感和時代的趨勢，不是著者自身所能說明。如果讀者單看書裡的理論和事實，是不容易瞭解，而且容易發生誤會。

算來已經有二十八年了，我在德國軍隊中同伯盧麥將軍（V.Blume）的侄子在一起，從演習地回家。兩人騎在馬上談天說地，我忽然問他：「你看我將來在軍事上，可以做什麼官？」他對我笑著說：「我有一個位置給你，就是軍事內閣長（即本書中所謂德皇帝之軍事祕書長）。」我說：「我難道不配做參謀總長？」他說「不是這麼說的。我們德國參謀部要選擇一個有性癖的，或有點瘋子氣的人做參謀總長。」我說：「那可怪了，不過陸軍部長呢？」他說：「參謀部長是公的，陸軍部長是母的，我們青年軍人不想當陸軍部長，因為他是陸軍的母親，要有點女性的人才做得好，鞋子也要管，帽子也要管，吃的，穿的，住的，又要省錢，又要好看，又要實用，所以俄國用擅長軍事行政的苦落伯脫金（Kuropotkin）去當總司令，牝雞司晨，結果失敗了。但是專制皇帝多喜歡用這種女性呵！（當時日俄戰事，德國軍人資為談助，而對於德皇之用小毛奇有些不平。）參謀總長的性質同陸軍部長不同，不要他注意周到，要他在作戰上看出一個最大要點，而用強硬的性格不顧一切地把住它。因為要不顧一切，所以一方面看來是英雄，一方面看來是瘋子。軍事內閣長是專管人事，要是有性癖的人去幹，一定會結黨，會不公平；要是有女性的人去幹，就只會看見人家的壞處，這樣不好，那樣不好，鬧得大家不高興。我是恭維你人格圓滿，不是說你沒有本領呵！」

「把住要點不顧一切」可以解釋大戰時破壞比利時中立的作戰計劃。細針密縷，各方敷衍，可以解釋自馬納河戰役後至凡爾敦攻擊為止之弗爾根海（他是由陸軍部長轉到參謀總長的）的一段不徹底作戰經過。所以我那位德國夥伴的話確實有他的真理。

魯氏是參謀部出身的一個參謀總長材料，他是有性癖的，所以當時很受各派的攻擊，後來在希忒拉政治活動中又失敗了。他的「全體性戰爭」就說一切都以戰爭為本，翻轉來說，正是他「把住要點不顧一切」性格的反應。德國戰爭失敗的原因，人家都說軍人太偏了。在魯氏說，正是因為偏得不徹底。如果偏得徹底，則不是偏而是正的了。

所以我們讀這本書，不可批評他偏，而要領取他偏得徹底的意義。

書中有幾點是因為人家攻擊他，他自己辯護，所以有些過火。如同克勞壽維茲氏下戰爭的定義，謂「戰爭是政略的延長」，政客們就用此語，說軍人應該聽政治家的話，且舉俾斯麥以為政治家統御軍人成功之證。魯氏卻說「政治應包含於軍事之中」。其實政治於軍事之不應分立，是千古不變的原理，而是否政治家應該指揮軍人，抑或軍人應該執掌政治，是要看當時政治家與軍人本領如何而後定。戰爭是藝術，真正名將是一種藝術家，他的特性是「獨到」是「偏」。所以需要一種藝術家的保護者，如威廉之於毛奇，克雷孟梭之於福煦，是一種形式；菲列德之為傳統皇帝，拿破崙之為革命首領，又是一種形式。魯氏因他人借克氏之說以攻擊他，他卻說克氏的理論已成過去，這是矯枉過正；誰都知道克氏學說是百年以前的。他又批評史萊芬的計劃不適用，也是犯這個毛病。

魯氏又有說不出的苦衷，就是對於威廉二世，他不好意思批評皇帝。其實政治與軍事之不調和，及平時擴軍計劃（魯氏的）、戰時作戰計劃（史萊芬的）所以不能實行之故，都是這位平時大言不慚、戰時一籌莫展的皇帝的責任。不好意思說東家，所以把店夥一個一個的罵。讀者應當觀過知仁，不要責他蠻橫，要原諒他的忠厚。

以上所談不過書中末節，還不能說到本書根本精神。這本書的根本好處，在對於未來的戰爭性質，有明切的瞭解，對於已往的失敗原因，有深刻的經驗。它的好處，我可以綜括地給它一句話，叫「民族的第二反省」。

當一個民族吃了大虧之後，天然的會發生一種重新猜想運動。但是革新運動的人物，大都在當時失敗過程中不曾負過相當責任。群眾本來是情感的，所以這時候只知道清算過去，因為破壞一切的理論很容易成立，卻不能指導未來，因為改造社會的實際不是靠理論，而是靠行動。民族第一次反省的過程，總是這樣，所以真正的成功，必在第二反省時代。這個時期大約總在二十年左右，所以法國七十年大敗之後，他的真正國防力是到八十八年才成立的。大戰後的德國第一反省，是社會民主黨時代，所以到現在才有這第二反省的呼聲。普魯士軍官，從小鍛鍊身體，壽命很長，所以在第二反省時代，還有得到當年身負重責的老人，本其實際經驗，發為革新運動之指導。這在德國民族看來，真是鴻寶。

未來戰爭到底是怎樣呢！如果我舉德、俄、日、意等國的議論來證明，人家又要說：「軍人蠻橫」，迷信獨裁，再不然又做了人民戰線的敵人，破壞和平，罪該萬死。

我如今一字不易，將世界上號為第一等愛好和平的國家美國人說的話，來證明一下。布羅肯比爾中校說「如果用毒氣來殺人還不夠刻毒，化學戰不以殺人為目的，而以減少敵人抵抗力，增加敵人後方負擔為最高原則。美國化學戰部隊所用的藥劑雖有多種，主要者為糜爛毒液。該毒液有些茴香香味，色暗紅，不易揮發，較氣體易於儲存，便於運輸，地上動物著此液後，即能傳染。中此毒者，若立刻進入病院，療治得法，數月後可以痊癒。蓋此毒液之效能，不在致敵人於立死，乃驅敵人入醫院，既不能戰鬥以為吾害，又不能工作以助國家，反加重其後方負擔。且此人若不急進醫院，則其衣履身體所到之處，皆有散布此毒汁之可能，吾人飛機、砲彈所不到之處，敵人可代為散布毒液。據現在所知，歐洲各國所製的防毒面具，對此毒液毫無用處，因此毒非藉呼吸而發也。此種防禦服裝，美國業已製成，唯全身不通空氣，故不能久用，且為價甚昂；且此毒液之野存性，在最乾燥之天氣中，尚可達六時以上，若天氣潮溼可達數日。其比重較水量為重，故可用飛機由空中灑射，決無因風向關係，而害及使用者之危險性。且其揮發性極低，比重較大，化學成分極穩定，故用普通解毒法毫無效力」，云云，這是以威爾遜十四條和平主義國家的辦法，不殺人比殺人還要凶些。所以未來的戰爭不是「軍隊打仗」而是「國民拚命」；不是一定短時間內的彼此衝突，而是長時間永久的彼此競走。

就既往的親身經驗而說，則此書第四章一字一珠，最為精粹，這是花了無數的金錢與生命，所換來的將來軍事教育方針。如同世人談到軍紀，總以為就指兵卒能機械服從而言，其實德人軍紀，立於（一）自發的精神力——信仰與覺悟，——（二）自動的行為力——技術的習慣與體力之支援——絕不是區區集團教練所能養成。而有待乎最高深的精神指導。軍紀所要求於兵卒者，在性格強硬，並不是柔軟的服從。達爾文說得好，軍紀者，在上下之信任，不是服從就算的。

我希望讀這本書的朋友們，切實地一想，世界的火已經燒起來了——逃是逃不了的——不過三四年罷！

民國二十六年一月蔣方震序

第三篇　從歷史上解釋國防經濟學之基本原則

第一章　從中國歷史上解釋

國家士氣消沉到如此地位，要不指出真正一條路線，一件法寶，誰還能取得一種自信力。唯心耶？東方文化耶？禪家的心性、宋儒的理氣，移植於東鄰以養成所謂武士道，而出產地之中國則無役不失敗。唯物耶？西方文化耶？瓦德之機器、愛迪生之電氣，在他人以之殖國富、揚國威，以建設所謂資本主義。五十年前之日本亦一半殖民地耳，而較日本輸入西洋文化更早之中國，則農村宣告破產，工廠要求救濟。人之無良，百藥罔效耶？果爾則華族一名詞，早應消滅於數百年以前，而何以時至今日猶有此一大群眾生息於大陸？我們且檢討過去，找出華族的真實本領是什麼？

我於民族之興衰，自世界有史以來以迄今日，發現一根本原則，曰「生活條件與戰鬥條件一致則強，相離則弱，相反則亡」。生活與戰鬥本是一件東西從兩方面看，但依經濟及戰鬥的狀態之演進，時時有分離之趨勢。希臘羅馬雖在歐洲取得文化先進美名，但今日繼承希臘羅馬文化的卻並不是當年的希臘人羅馬人。具有偉大的文化而卒至衰亡的總原因，就是生活工具與戰鬥工具的不一致。

生活條件與戰鬥條件之一致，有因天然的工具而不自覺的成功者，有史以來只有二種，一為蒙古人的馬，一為歐洲人的船。因覓水草就利用馬，因為營商業就運用船，馬與船就是吃飯傢伙，同時可就是打仗的傢伙，因此就兩度征服世界。有費盡心血用人為制度而成功者，也有兩種：一為歐戰時才發明，十年來才實行，西人的國家動員；一為中國三千年前已經實施的井田封建，它的真精神就是生活條件與戰鬥條件之一致。

封建不是部落割據（近人指割據部落思想為封建思想者，系用名詞的誤謬），是打破部落割據的一種工具。封就是殖民，建就是生活（經濟）、戰鬥（國防）一致的建設。井田不是講均產（在當時也不是一件奇事），是一種又可種田吃飯又可出兵打仗（在當時就是全國總動員）的國防制度。懂得這個道理的創製的是周公——繼承的是管仲（《左傳》：「齊之境內，盡東其畝」，就可證明田制與軍制國防之關係）——最後成功的是商鞅。井田制到商鞅已是八百多年，一定是同現在的魚鱗冊一樣，所以開阡陌正是恢復井田。這是我發現出來的華族的真本領，諸公若能系統地敘述，出來使青年感覺到我華族固有的本領之偉大，從前可以統一亞洲大陸，將來何嘗不可以統一世界，或許於現代消沉的士氣有點補救。

但是要實行此種一出兩便的制度，必須有一個先決條件，就是要實際與理論絕對地一致之人才。《左傳》到現在還是世界上最好的一部模範戰史，它敘述城濮之戰時說：「晉文公作三軍，謀元帥。曰郤氏可，說禮樂而敦詩書。」像現在的想像，禮樂詩書到底是不是做元帥的唯一條件？其實當時的一群貴族，沒有一個沒有部屬的，也沒有一個不會打仗的，從這許多武士中間，尋出一位「說禮樂敦詩書」的人來當元帥，這自然是正當。因為那時貴族的教育，是禮、樂、射、御、書、數，件件都是人生實用的東西。

陶希聖先生在游俠研究裡，指出了兩種不同的團體，我見了歡喜得了不得，這是歷史上的大發明。

而我以為就是這一點是三千年來民族衰敗的致命傷。項羽團體既失敗，而韓信死、張良逃、蕭何辱，自此以後活動分子與知識分子不絕地暗鬥（莽操之篡與歷代的文字獄），知識分子之內又每形成兩派自相殘殺（歷代的黨爭）。一民族中的最重要的細胞，始終在暗鬥的狀態下，因此養成了知識階級的兩件不可救藥的痼疾：一、就是不負責任（讀書人的最高理想是宰相不是皇帝）；二、就是不切事實（自禮、樂、射、御、書、數的六藝而改為詩、書、禮、樂、易象、春秋的六本書，是一大關鍵）。

譬如釀酒，酵素壞了，譬如爆藥，雷管溼了，舉天下之良法美意無上妙品，一一須經過這一道腐敗幽門，而後能入於中國社會，百藥罔效之總因，豈非在此。

歷史上也曾發現幾次沉痛的呼聲，如清初顧亭林之提倡樸學，就是對於不切事實的反抗。但這種運動因為活動分子與知識分子暗鬥之結果，事實派的顏元、李剛主終歸失敗，而一變成為考據。考據派的精神果然是科學的，但實際上還是幾句死話。太平天國時代胡文忠的包攬把持，曾文正的《挺經》第一章，就是對於不負責任的反抗，但僅僅能做到一部分的成功。而從暗鬥出身之李鴻章，仍為這不負責任、不切事實的大潮流所打倒，以演成今日刻骨傷心的外交局面。

活動分子即主權階級的性格，就是根本與知識分子相反，他的長處（1）是肯負責任，但是容易流為武斷，（2）能切事實，但是容易流為投機。武斷則不能集眾人之長，投機則不能定久長之計，這兩件事於近代式國家發展是不相宜的。

知識分子道德上也有他的特長，（1）他能自持廉潔，（2）能愛護後進。唯其自持廉潔，對於物質的慾望較淡，精神上有自己娛樂之處，所以當君國危難的時候，犧牲區區生命不算一回事。歷代殉國諸人的真精神，我以為根據於此而來的。唯其愛護後進，故傳授學徒，著書立說，使幾千年的歷史有繼續不斷的成績。王夫之、顧亭林於國亡家破之後，猶拚命著書，所謂「百世以俟聖人而不惑」，養成了華族悠長的氣概。

漢高祖自己說「我所以得天下之故，有三不如」，這是三千年歷史上成敗之標準，就是主權階級（即活動分子）與知識分子合作，則其事業成，不合作則其事業敗。所以中國治世時代，必以聖君賢相併稱，乃至做壞事，也必須土豪劣紳互相勾結。這中間出身於知識階級，而肯負責任能切事實的人，只有諸葛亮、王安石、張江陵（張居正）、曾國藩諸人，在三千年中占極少數。

秦漢以後，政權武力知識分裂了（從前集中於貴族階級），所以政治上有不斷的競爭，而華族就漸趨於衰弱。但是我華族在這種壓迫之下（竭力奮鬥繼續了三千年），還做一件驚人的大事，就是對於物的工作，就其奮鬥的精神言，似乎蒸氣機關的發明，未必算這麼一回大事，從造紙、印刷、陶瓷、漆、建築、雕刻乃至水車、機織，件件有獨到的發明，不過為知識階級所瞧不起，故不能有文字的記載，而學術的積聚性不能發揚罷了。

近五十年來，社會受環境之影響，發生了大變化，但其政治的演進可以分作幾步說，第一步是知識與武力的合作（一、知識分子投身為軍人，二、軍人入學取得知識，三、社會中知識分子與活動分了的合作），這中間的聚散成敗，有事實的證明，不必詳述；第二步，當然是政權、武力、知識的一致，但應當切實注意者，就是知識分子還是不能切實的統制物質，所以民族的生活上根本發生了問題，而其所以不能統制物質的原因，也仍是因不負責任、不切事實的兩大弱點而來。

從顧顏的樸學精神，曾胡的負責態度，或許可以在酵素電管中，加入一點新生命罷。但是新式的社會，更有一樣要素名曰「組織」的，這組織兩字的意義，就是說一件事，不是一個人、一個機關負責任，而是各最小單位（個人）各負各的特別責任，而運用上得到一種互助的成功，這就是新經濟的要點，也就是國防的元素。我們還有一句俗話「行行生意出狀元」，這是中產階級的反抗呼聲，也就是將來物質建設的基礎。我們現在可以說有強兵而國不富者矣，未有富國而兵不強者也。

說一句牢騷的話，商店的學生、工匠的藝徒，要是夜間能讀上一點鐘的書（就是在實際的事物中過生活的人而能攫取知識），恐怕倒可以負起復興民族的責任，而每天坐汽車、包車，在中大學上六時以上功課的，恐怕將來只能做學理上的教授罷了。

民國二十三年五月稿

第二章　從歐洲歷史上解釋

近時許多人喜用「東方文化」、「西方文化」等名詞，我根本有些懷疑「文化」二字上面，是不是應當加上一個籠統的方向形容詞。印度文化在漢唐時代根本是西方的，現在用什麼理由把他歸入東方範圍以內？而在歐洲看來，希臘的文化才是東方文化呢！新渡戶博士說，「土耳其強盛了才把東西隔斷，從前根本沒有這一回事。」這話是對的，但是各時代各區域的生活基調有許多不同，卻是事實。我說：這個生活基調，才是文化的根本。

「有無相通，供求相應」，這是商業精神，即商業生活的一種基調；「自給自足，無求於人」，這是農業精神，即農業生活的一種基調。這兩種生活基調根本不同，所以影響到思想、制度、習慣（總言之為文化），處處成一對立的狀態，但是實際生活上農人免不了交易，商人也得注意原料，所以農商之間既有調和，又有衝突，結果更有演變。我用這一個基本觀念來看歐洲的歷史，自覺另有一種色彩；並且用此來解釋現在所謂「全般歐化」、「中國本位」的論爭也覺得比較妥當。如今且將農業商業兩種生活的不同方面來對照一下：的本體，故對數字養成一嚴肅習慣。故養成籠統習慣，結帳抹零。

	商業文化之基調	農業文化之基調
地理	海……交通	陸……區劃
道德	獨立自由——個人主義。	忠孝（愛）——家族主義。
	日本福澤諭吉以獨立自尊主義養成現代財閥，此義完全是從英美來的。	世界各國之武士貴族團體皆然。
國家	國家發源於市府。	國之本在家。
社會	契約。	感情與信仰。
	所謂憲法民約，一切皆有契約性，視契約為神聖。	影響到商人熟識的就一言為定，不用文字契約，故歐洲人引以為奇。
經濟	(一)觀念，重「餘」，餘即利，即商業存在的本體，故對數字養成一嚴肅習慣。	(一)重在生產之本體，對剩餘不甚注意，故養成籠統習慣，結帳抹零。
	(二)運用，以生命在交通，故重周轉，確立信用制度，資本能集中，青苗失敗之原因在此。	(二)生產易，運輸難，故只能各個的儲蓄，不能流轉，故不能集中，社倉成功。
對於科學	能利用前期科學，即蒸汽機關之類，（物理的）輕工業屬之。	能利用後期科學，即土地肥料之改良，之利用，即煤製汽油之類，（化學的）重工業屬之。
影響於軍	取攻勢以開闢世界，覓商場，求原料。	取守勢而效死勿去，守墳墓，保家室。
	事及國防	

大家都知道海岸線的綿長，是希臘文明一個決定的因素。海岸有何用處？又知道羅馬是一個半島，何以半島能發展文明？這就是海，就是交通，就是便於運輸貨物的水的交通。所以希臘人當他進化到了農業生活，他的生產品立刻可以向外推銷，而國外許多新鮮事物，時時來刺激他的生活，偉大的希臘文明就從此產生了。可是即就希臘本身論，已有雅典、斯巴達之分，雅典重商重海，斯巴達重農重陸。羅馬大帝國繼承希臘文明，在農商的調和上比希臘進一步；他靠海的財源文化來發達陸上，所以船果然發達，車亦有進步。他的馳道從歐洲大陸築起，一直通到君士坦丁，海岸形勝的地方。

如果說文明一定有徵服野蠻的力量，那麼希臘的文明就不應中斷？如果有了文明還是要中斷，那麼要文明幹嘛？咳，話不是這樣說的，文明是好的，但是要顧慮文明本身自己出毛病！

商業文化靠的是交通工具，希臘時代的工具只有帆船，只有馬車，他的能耐只限於地中海一帶，他的市場有一定的限制，經不起幾百年的有無相通。通到了沒有再通的餘地，他的文化自然的是停滯了，衰頹了。已經有錢的人安於逸樂，沒有錢的人無法發展，日耳曼的蠻族起來了。

近代的人稱中古時代為黑暗時代，這真是商人的瞎說。中古時代有很高尚的文化，不過是農業的罷了。德國人現在很瞭解此意，所以將拿能堡做了國社黨集會的中心。這件事教授們切不可小看他，他得了現在新文明的曙光了。

農業文化講區劃，所以有封建制度，重家庭所以講愛，靠天所以信宗教，講氣節所以有武士道（純粹的商人只是要錢，所以猶太人為人排斥），講公道所以有基爾特的組織。不過說他黑暗可也有一個理由：就是知（知識）與行（實行）分離了，知識給教士包辦了，中古教會也用了不少的愚民政策。就實際生活言，在當時打仗同種田，實在不需要識字唸書，自給自足，老死不相往來，不比商人，他需要交通，需要文字，時時看見新鮮東西要用腦筋，我敢斷定中古時代的武士同農民根本不識字（拉丁文）。

封建時代，商業退化了，休養了幾百年，重新再起，起因就在於宗教政治運動時十字軍東征。十字軍到處設兵站，要運轉貨物，商人抬頭了，各地的所謂自由市出來了，東方希臘的東西又為人所注意，於是新文明又發動了，即所謂文藝復興，從農業文化又一轉到商業文化。

無巧不成話，這時候一個哥倫布發現了美洲，替商人找到一個新市場，替歐洲人找到了一個發洋財的機會。接二連三的，印度、亞洲等新市場陸續發現。而在航海術進展了二百年之後，才有一個瓦特發明瞭蒸汽機關，歐洲人真是笨。

蒸汽機關中古時代未必沒有人想到，可是農人根本用不著，也沒有能力集中資本來建設運用，天造地設地讓商人來改革他的交通工具，現在算來不到一百五十年就讓歐洲商人把世界占盡了。

五百年來的商業，可以說發展得如火如荼，所以市府的勢力一天一天地擴大了，漸漸成功了近代式的國家。契約性質的憲法、個人主義的自由，做了新國家的兩條柱礎，而科學發達，竟是如虎添翼地替商人確定了萬世一系的主權。因為這種文化時間太長久了，範圍太擴大了，許多學者們多以他作為天經地義，而中古時代的老朽，當然給人家看不起。

不過仔細考察，這種商業文化的發達，還有許多仰仗中古時代的遺傳，如同豔稱英國政治的，所謂紳士風，所謂運動精神（Sportsmanship）。我此次到美國，在黃金鎖子甲中，還把著他一點清教徒的脈搏。大戰時代，英國學生的勇敢，令人回想到當年的騎士的風度。日本也有所謂士魂商才。

海國文化的王冕，從希臘羅馬經過荷蘭西班牙而傳襲到英國，當然是自然趨勢，但是到世界市場沒有開闢餘地的時候，這個王冕就發生問題了。

第一個發野心的就是以農業起家的日耳曼種的德國，他憑他四十年的努力，從一個農業國脫胎地變成工業國，以五千萬人口而無限制的大量生產，除向外發展外當然是別無辦法，因此就發生了歐洲大戰。上帝給他一個「忘本」的訓誡，沒得吃了，機器真造不出麵包來，餓了！敗了！可是商業文化到此就形成了一個劃期的段落。

最早產生自由理論的英國，經過沃太華會議把自由貿易取消了，世界這裡一群那裡一堆，形成了經濟集團（從交通變而為區劃了）。戰時既然可以海上封鎖，那平時就得自給自足，世界公認流通的金子，一律裝入倉庫，代之以各國的信用券。最奇怪的，現代第一流摩登的國際貿易，倒車開到三千年前農業初成功時代的以物易物！

所以法西斯也罷，國社黨也罷，蘇維埃更逃不了所謂五年計劃、四年計劃，都是一種農業文化的新表現，這不是一定說農業文化的優越，可是商業文化的破產是決定的了。英國人聽見法西斯、國社黨、蘇維埃都有些頭痛，其實許多事件，還是他自身先進國開闢出來的。消費合作社在英國最先創辦，成績也最好，這不是廢商的先聲？基爾特明明是中古時代手工組織的遺產，英國就首創所謂基爾特社會主義，這就可見我所謂「演變」。大陸的農業統制精神，乃孕育於商業自由的海國，這是因為商業頂發達的國家，感受痛苦亦最大，因為商業擴充同當年地中海文明一樣，受了天然的限制！

這中間科學的進步也是一大原因，如果許多天惠不厚的國家，根本上不能自給自足，那麼這國際貿易還可以相當維持，但是現在化學工業進步，汽油也會人造，橡皮也會人造，於是工業家就同農民合作，而商業走上了自殺的一途。這種新農業文化的趨勢，影響到制度上有兩種需要：（一）專制的政治 即首領制。如今日美國羅斯福，且權力加增；（二）民主的經濟 即協作制，以職業代表成協作會議。

今日世界都處於準戰爭狀態之下，猶欲舉大戰前的民主政治議會制度以為鼓吹文明之具，真可為不知時務，所以政治上之必用首領制殆無疑義。但是統制經濟名義雖則是國營，實際則是勞資合作。生產與分配均趨合理化，實含有至大之民主精神，故俄之合作社，義之「行業合作國民會議」都建立在這個精神上。今日首領制之根本不同於古代帝皇專制者，其原因全在於此。這種經濟的議會制度、政治的專制辦法，實為國民總動員的根據，也就是國防經濟學上基本原則之實現。

第四篇　二十年前之國防論

第一章　政略與策略（敵與兵）論戰志之確定

無兵而求戰，是為至危，不求戰而治兵，其禍尤為不可收拾也。練兵將以求戰也，故先求敵而後練兵者，其兵強；先練兵而後求敵者，其兵弱。徵之以中外古今之事，而可信者焉。

日本，今之所謂強國也。明治七八年，兵不滿萬，而處心積慮，以中國為敵，二十年而後濟。甲午之後，兵不滿十萬，而臥薪嘗膽，以俄羅斯為敵，十年而後濟。以明治七八年之情況而言徵韓，以二十七年之情況而言拒俄，不幾其夢囈乎，而夢囈則居然成事實矣。

普魯士，今之所謂強國也。千八百〇六年，全軍瓦解，以養兵不許過四萬二千之條件，屈服於拿翁，僅延餘喘，幸也定報法之志，六年而小成（滑鐵盧之役），六十年而大成（普法之役）。

法，亦今之所謂強國也。革命之際，與全歐為敵，而拿翁於紛亂之餘，乃以之摧奧殘普。普法戰爭以後，賠款割地，而復仇二字，幸以維持其軍隊。至於今日，志雖未逞也，而成效則已昭著矣。

淮軍之興也，以三千人密閉於舟中，越千里而成軍於滬上。當是時，上下游皆敵也，湘軍之起亦有然。而洪楊之敵，乃不在百年來政府教養之制兵，而在二三讀文章講理學之書生也。

等而推之，迄於古昔，則凡治兵於四面楚歌之地，欲突起以成功者，其事較難，而成功者獨多；制兵於天下昇平之日，欲維持於不敝者，其事較易，而成功者乃絕無也。蓋唯憂勤惕勵之誠積於中，斯蹈厲發揚之致極於外，故曰「無敵國外患者國恆亡」，嗚呼可以觀矣。

然則敵猶是也，而兵不振者，則何以。故曰兵者，以戰為本，戰者以政為本，而志則又政之本也。

國於世界，必有所以自存之道，是曰國本。國本者，根諸民族歷史地理之特性而成，本是國本。而應之於內外周圍之形勢，以策其自存者，是曰國是。國是者，政略之所從出也。戰爭者，政略衝突之結果也。軍隊者，戰爭之具，所用以實行其政略者也，所用以貫徹其國是者也，所用以維持其國之生存者也，故政略定而策略生焉，策略定而軍隊生焉。軍者國之華，而未有不培養其根本，而能華能實者也。

戰爭為政略衝突之結果，是為近世戰之特性。日俄之戰，俄羅之遠東政略，與日本相衝突也；今日之歐戰，德國之世界政略，與英俄相衝突也。庸詎不可以交讓乎？藉曰政略可以交讓也，國是而可以交讓乎？國本而可以交讓乎？不可以讓，則彼此各以威力相迫，各欲屈其敵之志以從我。近世兵學家下戰爭之定義曰：戰爭者，政略之威力作用，欲屈敵之志，以從我者也。夫曰屈其志，乃知古人攻心之說，真為不我欺也。

政略之相持，非一朝夕之故也。其端緒，可先時而預測，故其準備可先事而預籌，夫而後可以練兵焉。英之為國，環海而重商，制海權其生存之源也，故其治海軍也，以二國之海軍力為標準。德之為國，當四戰之地，左右鄰皆強，無險可恃，則恃以人，故其治陸軍也，以東西同時受敵為標準。政者，戰之原，敵者，兵之母也，故治兵云者，以必戰之志，而策必勝之道者也。

所謂立必戰之志者，道在不自餒。夫強弱無定衡，英俄德法，今之所謂強國也，望塵而不可及者也。入其國，覘其言行，何其危亡警惕，不自安之甚也，此見強者之未必終強也。五十年前之日本，百年前之德國，敗戰及革命後之法國，彼唯不以現狀自墮其志氣，而至今日耳，此一言弱者之未必終弱也。唯志不立，萬事皆休，夫懾於外患者，退一步即為苟安，故古人必刺之以恥，而覺醒之，故曰知恥近乎勇，又曰明恥教戰，恥者餒之針，志之砭也。

所謂策必勝之道者，道在不自滿。昔普之覆於法，蓋為墨守菲列德之遺制，而拿翁三世之亡，則在輕視普人之軍制。蓋兵也者，與敵互為因緣者也。人得其一，我得其二，雖少亦強；人得其十，我得其五，雖多亦弱。故彼此之不恥相師者，正以其彼此互為最後之標準也。夫習於自滿者，進一步即為虛驕，故必戒之以懼，而收索之。故曰臨事而懼，好謀而成，懼而謀，謀而成，所謂策必勝之道也。懼者滿之藥，而謀之基也。

必戰者，至剛之志也。必勝者，至虛之心也。二者相反，而實相成。夫志卑者輕物，志之堅者，求之誠也，見之明者，行之決也。賢者負國之重，必以至剛之志，濟之以至虛之心，而其入手治兵，首在擇敵。

擇敵奈何，有直接以至強為敵者，擒賊擒王之說是也。至強者即對於吾國本，而為至危者也。有先擇一易與者為敵，而間接以達其抗拒至強之目的者，偏敗眾攜之說是也。政令修，財用足，民氣強，則用前策，其徑捷，其時促，若今之英德法是也。若夫國家當積弱之餘，威信未立，則當用後策。昔普欲戰法，而先試之於奧，意欲戰奧，而先試之於俄，蓋凡百困難，隨一敗以俱來，即隨一勝以俱去。賢君而當弱國，則恆能於萬難之中，適用其偏敗眾攜之略，以漸進而達其最終之目的，其取徑迂迴，其用心尤苦也，慎之至，明之至也。雖然，就軍言軍，是二策者，皆可也，皆足為軍事之根本也。唯有二途，則大不可，一則甲可戰，乙可戰，乃既欲戰甲，又欲戰乙，是則大不可，備多者，力分也；一則甲可戰，乙可戰，乃今日欲戰甲，明日復欲戰乙，則大不可，心不專，力不舉也。

故練兵二十年而適以自累者，本不正也，政不舉也，志不立也。

第二章　國力與武力與兵力

武力者，國家所用以貫徹其國是之具也。就廣義言，武力即國力也，就狹義言，則國力而加以軍事的組織鍛鍊者，是曰武力。溯國力之原而分之，人一也，地二也，物產之生殖力，三也，機械之運動力，四也。是四者，孰綱維是，孰主張是，則有至重至要之政治力（即國家主權的發動也），五也。

所貴乎武力者，謂其有軍事的組織鍛鍊也。而此組織鍛鍊之原動，實即發生於第五項之政治力。是力者，至高無上，為國家存在之原，即為武力發生之本。

凡測力之大小，必自兩方面，一則品質之精粗，一則數量之多寡也。

「國力者，人力之集也。國力之要素，以國民之體力、智力、道德力為主。而道德力之左右於武力，則尤大，即節儉而忍苦、果敢堅毅、富於愛國心、而重義務之國民，較之流於安逸、習為驕奢、陷於怯懦者，其數雖有天淵之差，而武力則有過之無不及者。故曰國民之價值，當戰爭之難，而上下悉顯其真。在上者流於逸樂，則武力之節度缺，

在下者習於固陋，則武力之鋒芒鈍。」（將官伯盧麥著《戰略論》）

次人心而為武力之原質者，則材用是也，材用以求之本國為原則，農業其一也（糧秣），工業其二也（武器），礦業其三也（煤鐵），牧畜其四也（馬驢），綱維是四者，而為之主者，則國民之經濟，國家之財政是也。近世之戰，其準備極於一針一線之微，其影響及於一草一木。故德國開戰後令公園竹草改植蕃薯，其困苦，迄於一飲一食而有限制（英德皆然），其反動入於國民之生計者，至深且巨。故經濟財政之整理法，亦為武力之最要原質。

此外則地勢交通，亦與武力至有關係。區而別之，約有數端：（一）國土之廣狹及人口之稀密，如地大而人疏者利於守，地小而人多者利於攻是也；（二）國境之形狀及國內之地勢，如英之海、俄之草原、瑞士之山，皆於戰爭時顯其重要功能；（三）國內之交通線，由此交通而各種材用集合之遲速，軍隊運動之難易生焉。便者，以一作二而有餘；難者，則以十當一而不足也。

要之，武力者，國力之用於戰爭者也，變國力為武力，則有視乎國家政治之機能。國家（非政府）者，有至高無上之權，得自由處分其人民之生命財產者也，而其能力之大小，則一視其組織何如以為定。政體也，制度也，行政也，皆所以為武力之原動者也。土地愈大，人口愈眾，則其關係愈密切。欲竭全國之力以備戰，則必其元首公明而有定力，其政府勇敢而極銳敏，而各機關又能各竭其能，而互相為用。主宰無定力，則眾說擾而能力蹇滯；建制不完密，則機關不足，而布置乖張。國愈大，事愈難，而武力轉有因國力之大，而益小者矣（伯盧麥《戰略論》之說）。

歐洲諸國，自憲制實行以來，國家之組織日備，政治之機能日強，而人民之擔負亦日重。現役之兵數，以人口百分之一為準，每年之軍費，以國費三分之一為準。準者，言其極度，不可再逾者也。由是範圍，而加以精密之編製法，運用而周轉之，則有事之日，皆能傾其全國之力，以從事於戰爭，可謂極人間之能事矣。然亦有以野心及恐怖心之故，養過大之兵力，而卒至財政窮乏，不能一戰者，則又以兵力過大之故，而武力轉因之而小者焉。

故武力與兵力不相同，兵力者武力之主體，而兵力非即武力也。武力者，就其用而言也；兵力者，就其體而言也。歐洲之最強國，不必即為東亞之最強國也。今日軍隊，縱日因糧而敵，而必取其用於國，故力之大小，一視後方之交通關係為斷。日本之所以勝兵力十倍之俄羅斯者，此義是也。

兵力與兵數，尤不可混。數也者，就人馬材料之數量而言；力也者，則數量外，加算以人馬教育之程度，材料品質之精粗者也。故必綜合無形有形之兩元質，而兵力之真義乃見。有形者易知，無形者難求，其在軍資定額有一定之範圍者，則數量之增，未必即兵力之大也。

凡兵力以其類別之為二。一曰陸軍，以陸地戰爭用之人馬材料，而加以軍事時組織鍛鍊者也。軍隊云者，所以自別於烏合之眾，為陸軍兵力之具體名稱也。一曰海軍，以海上戰爭之軍艦、水雷艇、商船之武裝者，而加之以軍事的組織鍛鍊者也。艦隊云者，海軍兵力之具體名稱也。陸軍資陸戰之責，有時補助海戰者，如軍港之陸上攻守是也；海軍負海戰之責，而有時補助陸戰者，如陸上之準備，及運輸之護衛等是也。

近百年來，為一切政治之原動，而國製組織之根本者，則立憲制度是也。為一切軍事之原動，而國軍組織之根本者，則義務徵兵制是也。新國家有是二者也，猶若車之有兩輪，鳥之有兩翼。而二者之間，尤有至深至密切之關係。自國家言，則立憲制度者，求其個性之發達，故自由者義取諸分，對內者也；義務兵役者，求其團體之堅固，故強制者義取諸合，對外者也。自人民言，則既有與聞政治之權利，即當然有保衛國家之義務。是故憲法兄也，徵兵令弟也，而雙生焉，孕育於法國之革命。自由主義，其先聲也，成長於普魯士之行政改革；民族主義，其中堅也，結果於今日之戰爭；帝國主義，其尾聲也。嗚呼，吾人讀普國名相斯得因之言，而怦然心動也。斯氏之言曰：「凡國家失其膨脹之勢力於外者，則當蓄其強固之實力於內。是力也，不在其政府，不在其貴族，而在其全國之人民。欲國民之發達進步也，當予以自由，而使各階級平等於法律之下。故第一農民，當解放也，唯自由之勞動，始能保國於不敝也，當予以土地所有權，唯獨立之地主，乃勇於衛其家，即勇於衛其國也；第二市民，當予以自治權也，市政及市會之發達，德族之所以自豪於中古也，攄懷舊之蓄念，歷史觀念，愛國之源泉也，自治植其礎，而官治乃增其力也；第三貴族，當教以唯國家存在，而貴族乃始尊榮，亦唯貴族不自私，而國乃始強盛。特典也，特權也，利之適以害之也。政府有司，不求知識於簿書，勞精神於會計，首當與國民共生活，而研究其真正之情實，而施政方針，當力與當時之實情相應。」

故德國義務兵役之發源，表面由於條約之束縛（拿破崙限制養兵不得過四萬二千人〉，而精神實由於行政之改革也。卻隆霍斯得者徵兵制之鼻祖也，當時為陸相，而斯得因則首相也。嗚呼，偉人之心力與際會，其於國家也，至矣哉，至矣哉！

第三章　義務徵兵制說明

此次廬山訓練奉命說明義務徵兵制，故重將此章加印，以備與下篇附錄之義務民兵制相參考。

兵在精，不在多，斯言全矣。蓋謂兵力之大小，不在其數量，尤其在品質也。雖然，使彼此之精度相等，則求勝之道，將何從？數等者求其質之精，質等者求其數之多，自然之勢也。

既欲其精，又欲其多，而國家之軍費，則又有一定之範圍，不可逾，於是義務兵役之制起。是故純粹自軍事上之目的言，則徵兵制者，以少數之經費，得多數之軍隊，而又能不失其精度是已。

所謂費少而兵多者，等是養一兵之費也，更番而訓練之，能者歸之野，更易時新，以二年為期，則四年而倍，十年而五倍之矣。所謂兵多而猶不失其精度者，自精神言，則用其自衛之心以衛國，其職務既極其崇高，其歡欣亦足以相死；自技術言，則服役時，教之以道，歸休時，習之以時，自能於一定時限內，不遺忘而足為戰爭之用。是故傭兵者以十年練一人而不足，徵兵者以一費得數兵而有餘也。雖然，不可以易言焉。武力之大小視乎國家之政治機能，蓋徵諸義務徵兵制而益信。徵兵法者，關於義務兵役之條例也，其條理之繁密、關係之複雜、事務之煩重，蓋非有至勇決之方針，不足以啟其端，非有至完密之組織，不足以竟其緒也。在昔德法，在今英倫，皆當國難至深之時，而勉焉而為此。人心之好惰也，民非強迫不肯服兵役，國亦非強迫，不能行徵兵也。昔法人首倡徵兵，乃一變而為就地制，再變而為代人制，名雖存，實則亡矣。是倡之者固貴乎勇決，而行之者尤貴有周密完全之計劃也。（就地制者，一區內限定出若干人之謂，代人制者，以金錢僱人自代也）

五十年來各國之敵愾心以互為因緣，日結而日深；而各國之徵兵制，亦互相則效，日趨而日近。今姑就其繁重複雜之制度，條舉其通則，而列其綱，則有三：一曰法律上之規定，二曰行政上之組織，三曰實行上之事務是也。

徵兵制之關於法律者，一為兵役之種類，一為服役之期限也，各國通則如下。

凡國之男子自十七歲，迄四十七歲，皆有服兵役之義務。（四十七歲至大限也）

凡兵役分為常備兵役、後備兵役、補充兵役、國民軍役，常備役七年，內以三年為現役，四年為預備役。

現役者自滿二十歲者服之，平時徵集於軍隊中，使受正式之教育，其期以三年為準。近世欲軍事教育之普及，則步兵有改為二年者，現役既畢，退歸預備役，返諸鄉使安其生業。每間一年，於農隙後徵集之，使習焉以備戰時之召集也。將軍哥爾紫曰：組織一國之兵力，以青年男子為限，蓋其氣力，能置生死於不顧，而好臨大事，其體力，能耐勞苦，而服慘酷辛勤之職務。德國軍制之常備軍，以三十歲為限，蓋兵力之中堅，而負戰鬥之主要任務者也。

後備役十年，以滿預備役者充之，戰時多用之於後方。日俄之役第一線之力二十五萬，而戰鬥員之總計，乃及百萬。將軍哥爾紫復曰：老兵亦有老兵之用，蓋鐵路、占領地、兵站線之守護、糧秣兵器之護送、土匪之鎮壓，在在有需於兵力，其任務雖不若第一線之重要，而一戰爭之成功，亦必相需焉而始有濟者也。

補充役十二年，國家不能舉所有壯丁，一一使之服兵役也，則編其餘者於補充役；於農隙則徵集之，施以短期之教育，視其年齡之大小，戰時或編入守備隊，用之於後方，或編入補充隊，以為第一線傷亡病失之預備。

國民兵役，分為第一國民軍、第二國民軍。第一國民軍，凡滿後備役及補充役者充之，曾受軍事教育者也；餘者為第二國民軍，未受軍事教育者也。國家當危急存亡之際，兵力不敷，則召集之。

凡處重罪之刑者不得服兵役，是曰禁役；凡廢疾不具者，得不服役，是曰免役；體格未強壯，或以疾病，或以家事，得請緩期以年為限者，是曰延期；在專門學校及外國者，得緩期至二十八歲為止者，是曰猶豫。

準乎此，而品質數量之間，得以時間財政，為其中間調濟焉。欲其質之精也，則增其常備役之人數，而短其服役之時期；欲其數之多也，則長其預備役之時期，而多其服役之人數。財少則求其周轉於時，時急則量其沽費之財。操縱伸縮，可以自如，而國家之武力，乃得隨時與政略為表裡焉。

關於徵兵上之行政組織，則區域之分配，官署之統系是也，各國通則如下。

分全國為若干區，是曰軍區，凡一軍之徵兵事務屬焉。海軍又分為若干旅區，每旅之徵兵事務屬焉，每旅區又分為若干徵募區。徵募區之大者，再分為數檢查區，是各種區域必與行政區域相一致。除占領地及異民族外，以本區之民為本軍之兵為原則。軍民之關係密切，一也；易於召集，二也；各兵之間，各有其鄰里親戚之關係，則團結力益固，三也。

中央之徵兵官，以陸軍及內務之行政長官兼任之。各軍區之徵兵官，以地方之司令長官（軍長或師長）、行政長官（省長）任之。各旅區，旅長及該區之行政高階官任之。各徵募區，以徵募區司令官（專設）及該區之行政官任之。必軍民長官合治一事者，蓋徵獨事務上，有俟於各機關之互相輔助也，其制度之原理，既發動於國民之愛國心，而事務之基礎，亦導源於國民之自治團體，勢有所在不得不然也。

關於徵兵實行上之事務，復須別為三：一曰徵集事務，平時徵集之使入營受教育也；二曰召集事務，當戰時召集之使出徵也；三曰監視事務，監督有兵役義務之人民，使確實履行其義務也。

徵集事務，大別為四：曰準備，曰分配，曰檢查，曰徵集。

準備云者，徵集事務之準備也。其道自下以及上，每年凡村長，集其在村內之壯丁人數，籍其名以報諸縣，縣以報諸道，道以報諸省，省以報諸中央，而每年各區可徵之數，政府得以詳稽焉。

分配云者，分其應徵之數於各區也。其道由上以及下，每年凡元首，定其全國應徵之數，以分諸軍，軍以分諸旅，旅以分諸團及徵募區司令部，而每年各區應徵之人，地方得其標準焉。

檢查云者，檢查其壯丁之體格，及家屬上之關係，定其適於兵役否也。徵募區司令官，實負其責，附以軍醫及地方官吏，及期巡行各區而檢查之，予以判決；判決既終，則以抽籤法定其入營之人，編為名冊，以報諸軍，作為布告，以示其民。

徵集云者，使抽籤既定之人，入營服役也。旅長實負其責，及期，巡行各處，一以確定壯丁之可以服役與否，二以分別各人編入步騎炮工各種兵，三以規定補充役中之可以徵集受教育者，各編冊籍以報諸軍。每年十一月一日，各民按照布告之所定，自投到於徵募區司令部，各隊派員迎率之以歸。

是四者，年一為之，周而復始。其冊籍有一定之方式，其事務有一定之期限，其許可權有一定之範圍，絲毫不容其稍紊，而徵集事務，乃告終結也。

召集事務，大致別為二：曰平時之準備，曰戰時之實施。平時準備，則政府示其召集之要綱，以頒諸軍。軍長准之，定其召集之人員，以頒諸徵募區司令官。區司令官乃訂成各縣之召集名簿，及召集令，以送之縣。

縣別存之，召集令者，一人一紙，記其姓名、住址、召集之地點，唯時日則空之以待填也。而凡交通之關係、旅行之時日、集合之地點、監督指揮之人員，無一不預為計劃，以免臨時之倉卒也。實施事務，則元首以動員令行之。政府以頒諸軍，軍以頒諸（1）地方長官，（2）各憲兵警察隊長，（3）各部隊長，（4）徵募區司令官。司令官以達諸縣，縣記載其時日，以頒諸村，村以達諸各人。各人之受令也，乃按照令內所規定之時日、地點、道路，以至於召集事務所。各部隊先期派員迎之，率以歸於隊，而地方官吏，及警察憲兵，同時布監視網，以監督之防逃役也。

監視事務，亦大別為二種：一為入伍前之監視，一為退伍後之監視。入伍前之監視，則人民自十七歲起，即有受監視之義務，若遷移之必須報告本區也，若旅行之必得許可也，皆是也。退伍後之監視，一為複習，複習者，退伍後復召之入伍，使習之期不忘也；在預備役中至少二次，後備役中至少三次，每次必於農隙期，自三週至六週不等。一為點名，就本地徵集之，檢查其體格及職業，以驗其適於軍事之程度也。凡此者，皆所以為戰時召集之準備也。

是故徵兵之要件有五，五者不備，不足以言徵兵也。一曰徵之能來，二曰來之能教，三曰教之能歸，四曰歸之能安，五曰臨戰焉，一令之下，應聲而即。至五者若貫珠然，一不備，不足以成今日之徵兵制也。

徵之而來，則行政能力，於是徵焉。是故謂民智未開，不可以言徵兵者，非也；其在德法諸國，習之百年，而厭忌兵役者，代有所聞，小民難與圖始，當然者也。謂戶口未清，不可以言徵兵者，亦非也；徵兵之倡始，皆在國難張皇之際，日德諸國，當其始行政機關，猶在草創，遑論戶口？是故徵兵之難，不難在民間之忌避，而在政府之決心，不難於條例之公布，而難於律令之徹底力。故欲行徵兵者，必以整理地方之行政機關為第一步。

徵之來矣，尤貴乎教，則軍隊之責任焉（教育一項待後專章）。就徵兵之範圍言，有二要件：無熟練之弁目者，則教不足以入其微；無強固之將校團，則力不足以舉其重是也。弁目所謂親兵之官也，與兵卒共起居。教育之期，長不過三年，短者二年耳；是二年中，使其習之於手，記之於心，蓋有視乎隨時隨地之指點，是非將校之力所能及也，而弁目之效著矣。兵卒同出於一區，其鄉土之觀念強，故團結力大，固也。顧用之得其道，則可為精神固結之基；用之不得其道，則即為指揮困難之礎。義務兵役者，聚國民而為一大團體也，其量人，其質重，非有全國統一之將校團，則離心力大，不足以舉之矣。法國共和政府之初元，乃至有以此區之民，充彼處之兵者，其苦心益可見也（註：怕造反）。是故徵兵制也，弁目久役制也，將校團制也，三者皆若連雞之勢，不能捨其二，而獨行其一也。故欲言徵兵者，必以改良軍隊教育為第二步。

教而能歸，歸而能安，則有涉於國民生計之大本，不可以習焉而輕視也。蓋軍隊以國防之故，駐紮地常在通都，而都野間之生活程度，則相差至大，兵卒於一二年間，習為華美，即有厭薄固陋之意。法德近有倡言軍隊食料太美者，德國則每週授兵以農事知識，蓋咸以兵不歸農為大憾，而思力有以矯之也；且田園有荒廢之虞，工商業有中絕之患。故徵兵者，始焉既強之使來，繼焉又必強之使去；不願來，猶易處，而不願去，則難處也。勉強行之，則相率而流亡，匪獨不能臨難時招之即來也，其禍更有不可言者。故欲言徵兵，必以注意國民之生計，為第三步。

若夫一令之下應聲而集，是則徵兵之最後目的。管子所謂「內教既成，不令遷徙」

者也，蓋必平時之監視嚴密，計劃周到，而臨事之徵調，始能有秩序而迅速也。各國今日，則自命令下付之方、旅費取予之法、應到之地、應往之路、應用之車船，無不一一預為規定，而警吏憲兵，則各設其網，以周流巡視乎其間。各機關各人，各有一定之每日行事表，夫而後當開戰之日，全國國民，不震不驚，寂焉各行其所是，不相擾而益相成。嗚呼，極人間之能事矣。故言徵兵者必以戰時能圓滿召集編入軍隊，為最後之目的。

第四章　軍事教育之要旨

人也，器也，軍也，國也，各有其個體，其形式上之一致，則編制之責也，其精神上之一致，則教育之責也。

言軍事教育，則有開宗第一義，曰軍事教育之主體，在軍隊，不在學校是也。平時之軍隊，以教育為其唯一事業，戰爭之教育，以軍隊為其唯一機關。學校者，不過軍隊中一部分人員之補習機關而已。以教育與學校相聯想，則軍隊教育無進步，而一部分之事業必將為主體所排斥而後已。

試舉各國軍事學校，與普通學校之系統比較之，則尤顯。普通學校之為制也，自小學、中學、高等專門大學，自成為系統，而相聯絡。軍事則不然，畢業於中學，不能徑入士官學校也，必自軍隊派遣也；專門學校，非士官學校升入也，必自軍隊派遣也；大學校，亦非自專門學校送入也，必自軍隊派遣也。蓋將校之真實本領在統御，其根本事業在軍隊，唯知識上一部分教育，在軍隊分別授之，則事較不便，則聚之一堂，為共同之研究，是則學校教育之目的耳。

苟明乎徵兵之原理，則知平時之軍隊，即國民之軍事學校也。「軍人者，國民之精華也，故教育之適否，即足以左右鄉黨裡閭之風尚，與國民精神上以偉大之影響。蓋在軍隊所修得之無形上資質，足以改進社會之風潮，而為國民之儀表，摯實剛健之風盛，則國家即由之而興。故負軍隊教育之任者，當知造良兵即所以造良民，軍隊之教育，即所以陶冶國民之模範典型也。」（日本軍隊教育令）故曰平時軍隊之唯一事業，教育是也。

學戰於戰，此原則也。顧不能臨戰而後學，則學之道，將何從，曰根於往昔之經驗。經驗之可以言傳者，筆之書，其不可以言傳者，則為歷史的傳統精神。故曰「團也者，依其歷史，及將校團之團結，最便於從事統一之戰爭者也。」「嚴正之軍紀，及真正之軍人精神，為軍隊成功之元素，欲使其活動發達，則必有俟乎強大之幹隊（即平時之軍隊）。各兵既受薰陶而歸家，一旦復入，則即能恢復其昔時之習慣，即新編之軍，而求其內部堅實亦甚易。故軍人精神，恃多員主幹隊而始成立者也。」（伯盧麥《戰略論》）故曰，教育以軍隊為唯一之主體也。

有一言而可以蔽教育之綱領者，則致一之說是也。故第一求人與器之一致，第二求兵與兵之一致，第三求軍與軍之一致，第四求軍與國之一致。

（一）人與器之一致 不觀夫射乎？心之所志、目之所視者，的也；手之所挽者，弓也。而矢則有中有不中也。其不中者，必其心與目之不一致也，必其目與手之不一致也，必其手與弓之不一致也，必其弓與矢之不一致也。語曰，讀書有三到，心到、眼到、口到，到者致一之說也。寧獨射焉讀焉而已？一藝之微，其能成功而名世者，必有藉乎精神、身體、器用。三者之一致，書家之至者，能用其全身之力於毫端，而力透紙背；軍人之執器以禦敵，無以異於文人執筆而作書也。方法雖不同，其所求至乎一致者一也。兵卒之來自民間也，其體格之發達，各隨其藝以為偏，身與心尤未易習為一致，故必先授以徒手教練及體操，以發達之，體與神交養焉，然後授以器，使朝夕相習焉，以至簡之方法，為至多之練習，久久而心身器三者之一致，乃可言也。故夫步兵之於槍也，則曰託之穩，執之堅，發之由自然；騎兵之於馬也，則曰鞍上無人，鞍下無馬。皆言其身與器之一致也，此單人教練之主旨也。

（二）兵與兵之一致 人心至不齊也，將欲一之，其道何從，曰有術焉，則逆流而入是也。逆流云者，自外而及內，自形式而及於精神是也。以顏子之聖，詢孔子以仁，而其入手，則在視聽言動，軍隊教育之道，亦若是已。是故步伐之有規定也，服裝之必整齊也，號令之必嚴明也，整飭其教練於外，所以一其心於內也；器具之有一定位置也，起居之有一定時刻也，嚴肅其內務於外，所以一其心於內也。雖然，亦更有其精神者存焉，則人格之影響，情分之交感是也。唯人格有影響，而上下間之關係以深；唯情分有交感，而彼此間之協同以著。此種一致之基礎，成於戰術單位之連。連者，軍隊之家庭也；其長則父也，連之官長，則成年之弟兄也；弁目之長，曰司務長者，則其母也。是數人者，於兵卒一身之起居飲食寒暑疾病，無時不息息焉管理之監視之，苦樂與共而其情足以相死，夫而後一致之精神立焉，此一連教育之主旨也。

（三）軍與軍之一致 自徵兵制行而兵之數量日以增，技術發達而兵之種類日以繁，文明進步而將校之知識日以高，於是軍與軍之一致，其事愈難而其要益甚。自其縱者言之，則將將之道，有視乎天才；自其橫者言之，則和衷共濟，有視乎各人之修為。此種一致，蓋與國家存在之源，同其根據，歷史之傳統一也，偉人之人格勢力二也，智識鍛鍊之一致三也，人事系統（詳見下文）之整齊四也。而每年秋操，圖各兵種使用上之一致，使各知其聯合之要領，則猶其淺焉者耳。

上文（二）（三）兩義，則各國今日通稱之軍紀二字之意義是也。「軍紀者，軍隊之命脈也。戰線亙數十里，地形既殊，境遇亦異，而使有各種任務幾百萬之軍隊，依一定之方針，為一致之行動。所謂合萬人之心如一心者，則軍紀也。」（日本《步兵操典》）

茲言也，僅就其效用言之，於其意義，猶未若哥爾紫將軍所論之深切著明也。哥將軍曰，苟一想像今日國軍之大，不能無疑問，即如此大眾，究竟用何法以指揮之是也，答之者則有詞矣，曰軍紀者，所以使大兵能自由運用者也。斯言是也，顧所謂軍紀者，又何物歟？

普通人解之曰，軍紀者，以嚴正之法律，維持其秩序，而嚴肅其態度之謂；斯言不可駁，而非其至也。德國之秩序態度至嚴肅矣，而法律之寬，他國無比。歷史上有法律愈嚴而軍紀愈棼者，法國共和政府之成也；背戾者悉處以死刑，而軍紀之弛如故也。蓋法律之效果，發生於事後，故謂軍紀發生於法律者非也。或為之說曰，軍紀者，發生於國民之道德心，而由於自然者也，茲言亦非也。軍紀者，不僅使人不為惡而已，兵卒為克敵之故，必致其死；軍紀者，要求此非常之事於兵卒，而使習為自然者也。「法人每謂熱誠之愛國心，可以補教練之不足。其實依共和政府之經驗，則熱誠之愛國者，行軍一日而冷其半矣。疲勞之極，則肉體之要求，即越精神而上之。一鼓作氣，不可恃也。」（伯盧麥之說與此相發明故引用之）故謂軍紀之源在道德者亦非也。

達爾文著《物種論》，於軍紀二字，獨得至當之解釋曰「有軍紀之軍隊，其較優於野蠻之兵卒者，在各兵對於其戰友之信任」，此堅確之信任，實為真正軍紀之根源也。凡兵卒之有經驗者，皆知其將校，無論當何種時節，必不離其軍隊以去。一隊猶若一家然，除共同之利益外，他無所思，雖危險之際，亦不為之稍動，此則達氏之所謂信任之原也。有此信任，故兵卒雖當敵彈如雨，猶泰然有所恃而無恐。

法者，一種軍紀之補助品也。人慾之熾，則藉法以抑制之，而用法尤貴嚴貴速，然不過一方法，非其根本也。躬行率先之效力，則有大於法者，故兵卒見官長之服從官長，如彼其恭順也，則從而效之，且不僅服從已也，尤貴對於職分而起其嗜好心。德之士官曾使習為兵卒之勤務，即於簡易之事，而發動其職分之觀念，且兵卒亦知上官之出身，初亦與己無異也。

德國凡勤務之細件，極其精密，非墨守成法也，非誇其知識也，所以發起其勤務之嗜好心，即盡職之觀念是也。學術教練之外，尤貴乎志意之鍛鍊。而清潔也，秩序也，精密而周到也，不謊言也，皆為整肅軍紀之一法也。

委任被服糧食諸事於將校，其主旨非出於節儉，蓋所以圖上下間之親密也。倉庫也，廚房也，寢室也，將校日日服其勤務，而為軍紀柱礎之連長，自然成為一連之父，而軍隊中於是有「長老」之稱，是名也，則合有至深之意在也。

忠實於職務之外，尤當有共同一致之志操。德軍之成立，此志操實為其根本。大戰中法律之所不能禁，監視之所不能及，而此共同一致之志操，則猶發生其祕密效力。名譽與職分交為激獎，而發揮其最後之武勇焉。

昔年之戰，凡關於共同之利害，或敵有可乘之機，則我軍雖弱，亦必取攻勢者，職是故也。聞最近軍團之炮聲則馳援，陷必死之境，猶能確信其同志者必且繼續我志，而收其功，而上自司令，下迄少尉，無不為同一之思量，為同一之行動，此則德國所謂軍紀之效力也。

軍紀者，無形者也，保全之，則有待於有形之要件。第一則平時編制之單位，不可於戰時破壞之也。由各師選拔最精之一二營而組織一團，其能力絕不能如平時固定一團之大也。其在德，地域人情之不同，而操縱之法亦互異，故臨戰以不變單位為原則。

第二則退役之預備兵，必召集於原受教育之隊也。預備兵之於本隊也，有舊識之僚友，有舊屬之官長，常以在其隊為自己之光榮。而一隊之名譽心生焉，故動員計劃，雖極困難，尤必原兵歸原伍為原則。

此外則有一無形之軍紀，則將校智識作用之一致是也。一軍之智識不一致，則行動即不一律。法之共和軍隊，皆志士仁人，感國難而集合者，然平時於智識，未嘗經一致之訓練，而軍紀即因之以馳。然此種訓練，決非強以規則，要在識其大綱，而得一定之方向。有此智識之軍紀，然後主將能信任其部下，部下獨斷專行之能力發達，而戰勝之主因得焉。故將校之出身首貴一致，將校一部分自隊中升入，一部分自學校畢業，而雜糅焉，絕不能望其行動之一致也。

（四）軍與國之一致則全軍一貫之愛國心是也。夫愛也者，情之根於心，而麗於物始顯者也。無我而有物，則愛之源不生；無物而有我，則愛之義不著。物我有對待之緣，而愛之義始者。國也者，名詞之綜合而兼抽象者也。說其義，既更僕不能盡，而民之於國也，則猶魚之於水，人之於氣，視之而弗見，聽之而不聞，日用而不知者也。雖欲愛之，孰從而愛之，聖人有憂之，則有術焉，使國家有一種美術的人格之表現，而國民乃能以其好好色之誠，而愛其國。是故愛國之心不發達，非民心之無愛根也，表現之術有周不周也。人格之表現最顯者，為聲音，為笑貌。視之而不見，於是有國旗焉；聽之而不聞，於是有國歌焉。聞國歌而起立，豈為其音；見國旗而致敬，豈為其色？夫亦曰，是國之聲，是國之色也。有國旗，有國歌，而國之聲音笑貌見矣，此為第一步之愛國教育，最普及者也。人格表現之較深者，為體段，為行動；於是有地圖焉，則國家之體段見矣，於是有歷史焉，則國家之行動現矣。是故讀五千年歷史而橫攬崑崙大江之美者，未有不油然而興起者也。有歷史，有地理，而國家之影，乃益狀諸思想，而不能忘矣，是為愛國教育之第二步。雖然，猶其淺也，猶其形也，而未及乎人格精神也。嗚呼，自共和以還，蓋嘗手法國之操典，而三復之矣，求其精神教育之根本，而得一「自我」即國家人格之精神代表說也（註：近讀塞克特將軍之毛奇論有『朕即國家』即普魯士精神說，則與此說一致矣）。人未有不自愛者。國也者，「我」之國也，而愛之義以著。故法國以名譽與愛國並提，名譽者，自尊之精神也；德國以忠君與愛國並提，忠君者，克己之精神也。是故君主國以元首為國家人格之精神代表，而要求其民也，以服從，以自牧；若曰服從其元首，即愛國之最捷手段也，客觀之教育也。共和國以自我為國家人格之精神代表，而要求其民也，以名譽，以自尊；若曰發達其自覺心，為愛國之根本也，主觀之教育也。故國家於聲音笑貌體段行動之外，尤貴有一種民族的傳統精神，以為其代表，而愛國教育，乃可得而言焉。然德國雖以服從為主體，亦絕不蔑視其個性，德之操典曰：戰事所要求者，在有思慮能獨立之兵卒，能於指揮官既斃以後，依其忠君愛國之心，及必勝之志意，為自動的行動者也。

法國雖以個性為主體，亦絕不疏忽服從，故法之操典曰：名譽與愛國心，所以鼓舞其崇高之企業心，犧牲與必勝之希望，所以為成功之基礎；而軍紀與軍人精神，則保障命令之勢力而事業之一致也。

明乎是四者，而軍事教育之要綱得矣。猶有數事所當知者，一為戰爭之特性，一為時間之效力，一為習慣之勢力。

戰爭之特性有四：曰危險，曰勞苦，曰情狀之不明，曰意外之事變（格洛維止之說）。危險，故有待於精神之勇；勞苦，故有待於體格之健，與忍耐力之強；情狀之不明，故有待於判決之了澈；意外之事變，則有待於臨機之處置，與積氣之雄。凡此四者，上自將帥，下迄兵卒，皆同受之，而位置愈高者，則要求入於精神領域者愈深，而困難亦愈甚，此平時所貴乎修養磨練也。

凡人習一業，久之久之，忽得一自然之要領，有可以自領略，而不可以教人，可以意會而不可以言傳者。藝至是，乃始及純粹之境，乃始可用，是名曰時間之效力，其在軍事，其功尤顯。蓋兵之臨戰，其危險足以震撼其神明，失其常度，此時所恃者，唯平常習熟最簡單之行動，以運用之於不自覺而已。故兵卒教育之最短時期，為四個月，而兵役則無有短於二年者。蓋教育雖精密，亦必有待於時間之久，而始發生效果也。

凡人與人交，則習慣生焉。習慣有傳染性，雖未嘗直接，而聞風可以興起；有遺傳性，雖十年遞嬗，人悉更易，而其傳統的慣性仍在。習而善焉，不能以少數人破壞之；種而惡焉，尤不能以一時而改善之，故君子慎始而敬終。將軍弗來答敘普法之戰史（千八百〇六年）曰：「維也納之役，其有名之將校，將來立新軍之基礎者，何嘗不在軍隊之中。然不經拿翁之蹂躪，則往昔之習不去，而此有力之將校，無以顯其能。故曰不良之軍隊，不經最大之痛苦不能治。」

曾文正所謂「孔子復生，三年不能革其習」者，其斯之謂歟！

第五篇　十五年前之國防論

當時國人高唱裁兵之說，餘惡其頭腦籠統而作此文。嗟夫，孰知其不幸而言中也。書中所論雖已失時效，然為國防大要所在，故重敘之。

第一章　裁兵與國防

十年以還國民外交之聲，漸聞於朝野，而國民對外觀念之不確實，其程度亦殊可驚。姑舉一例，則吾有友於民國八年夏為教育部外國留學生之試驗委員，受試者皆學界之精秀也。時正山東問題熱度至高時，乃試問以「高徐順濟鐵路條約之由來與影響」，則結果乃出意外，蓋並高徐順濟之為何地，而猶未明者也。讀者須知一種論斷（如曰山東當收歸）若不根據於確實之常識，則其基不固，易為詭辯所搖也。

對外觀念不正確，而為禍於國家，其類可別為二：一曰怯懦，一曰虛驕。怯懦云者，視外人之勢力為絕對不可抗，中國人除永久沉淪之外別無他法——至少一時的。

虛驕云者，昏不知外事，而耳食其二三以為談助，以悅人而欺己。怯懦之結果為怠，虛驕之結果為驕。怠與驕，練兵之大敵，而同時即為載兵之根本障害。何也？無勇決之志者，不能開裁兵之先，無精密之智者，不能善裁兵之後也。以吾所聞今之裁兵論如「只教裁兵，中國即有辦法」如「中國裁兵只能靠外人勢力」之類，試為詳細分析，中間即發見有非怠即驕之分子。此種議論縱曰一時矯激之談，然精神腐敗，其為害於國家者，正復不少也。

不怠不驕，夫而後可以入我本文之題曰：兵裁矣，吾儕將何所恃以自衛？自衛云者，對於「他」而言也。一國家之四圍皆他也，然而一國家，絕不能使四面皆敵。是故談自衛之第一步，首當將此「他」認識清楚。

嗚呼，當二十一條之哀的美敦書到北京時，中國民曾有一人焉測量其能力之所極至，而一為較量者乎？當山東問題熱度至高時，中國民曾有一人焉調查其武力之現狀，而一為登記者乎？謂吾國民其甘心於沉淪耶？則何以斷指瀝血之書，乃時觸於我眼？謂吾國民其決心於自拔耶？則何以沉沉中原初不聞有人焉，為一種確實的自衛運動？

依兵役法之通例而徵其戰時擴張能力，則第一線（即最精練）之戰鬥員，當為六十萬。而其極度可至百二十萬，連非戰鬥員其給養總額當為二百萬，此其大概也。至於數字以外若教育之精粗，裝備之整否，動員之遲速，海陸兩方運輸之時日，技屬專門，事關機密，今姑從略。

要之，照此計算，則於某時期以內，於某戰地以內，「他」得集中多少兵力，當可概計，總之對於他之概計愈精密，則關於我的準備愈周到。其在歐洲，此種議論，常為一般新聞紙之材料。而中國今日微獨國民於此無相當之瞭解，即專門軍人，亦未聞有談論及此者，至多不過日國際聯盟耳。夫一國之地位而至於藉他人之同情以自保，此其可恥，殆有甚於為奴。甚矣，志氣摧殘一至於此極也！

讀者須知國民自衛，若不一一從此種精神，此種方法，計算以出，則匪獨所有之兵肯屬浪費，而真結果必釀成一種內亂。何也？所謂聚群眾於一處，而志無所向，未有不為亂者也。

今若以上表，而以當年之預算與中國一一對照。則吾人當得一有趣味而又極痛心之事實。此無他，即：「他」以全國預算額四分之一，平時養二十七萬人，而戰時第一次會戰兵力約得六十萬人；我以全國預算額三分之二，平時養百萬人，而戰時第一次會戰兵力，或得此者，雖舉全國之人而詢之，不能得其數，以吾計之二十萬人，猶幸事也。是故「他」以一人之費，而得三人之用，而我則以四人之費，而猶不得一人之用。故由今之道，而慾望國防充實，則平時養兵至少當三百萬，其軍費預算額當較今日更擴充至三倍以上，此固無人敢作此夢想者也，於是國民發其絕望之聲，而軍人乃縱其無厭之慾。嗚呼耗矣！

雖然人則同也，錢則同也，徒以組織法之不同，而數字上能率之相差乃至於如是，故謂吾國絕對無自衛之能力，其謬乃更甚也。就人口素質言，則除神經較敏是其缺點外，而信德之堅、體魄之強、知識之活潑，雖較之以世界最良之國民，吾可以生命保其無愧色也。就資材之素質言，機械之動力固遠不如人，而天然來源之豐厚則固國人所同認，而此物質之運用，則其道固可以按日以得其進步者也。無論如何，以中國今日之地位較之千八百七十年敗戰後之法、及明治初元改革時之日本，以及今日之德，其為形便勢利，蓋無可疑者也。

唯然而吾人乃得一結論曰，現狀非絕對的改造不可。而自衛之道，其事為至易而可能。自衛之策當奈何？以今日國家形勢言，則是策也，當具備下之三條件：

一、使國內永久不復發生或真或偽之軍閥；
二、軍費依現在財政狀態，至大限不能過預算三分之一；
三、於一定時期中得於一定作戰區域內集合曾受教育而較優勢之軍隊。

唯然義務民兵制尚矣。蓋欲適合上文之三條件，捨此之外別無他法也。民兵制之要旨，首在教育與軍事之調和一致。其在兵卒之教育，則以向來在營中兩年間之教育，分配於平常十歲迄二十歲之間，與學校教育夾輔而並進。教育科目中如體操、如行軍、如射擊、如乘馬，悉在軍人及教育家監督之下任人民自為之。唯必不能在營外教育之群眾運動（包含軍紀及部隊連合戰鬥教練），則以六個月之新兵學校教授之。蓋表面上軍隊之色彩愈薄，而實際上教育之程度愈深，而於國民經濟上之負擔，乃大可減少，此其一也。其在將校教育主旨，則在使軍官富於人生之常識，有獨斷能力，而不成為一偏狹機械之才；蓋今日物質進步而人民知識益日開，不治文科者不足以使人，不治理科者不足以使物，民事如是，軍事亦如是也，此其二也。

此種制度最適於自衛，最不適於侵略。

其在中國，則民兵制之善也，更不在其法之新，不在其兵之多，不在其費之少，而尤在適於中國之歷史與環境。今試橫覽中原，則凡人跡所到之地方，二百里以內必有一城塞以居以安。此正我先民當時殖民之唯一武器，而民族自衛之一種象徵也。歷史上開疆闢土之豪傑，中國民未嘗加以特別的賞贊，而獨於效死勿去之英雄，則嘖嘖焉誦之而猶有餘欣。降及近世湘軍之扎死寨，平捻之築長壕，蓋猶是國民性之一種遺傳而未替者也。故民兵制者，最適於國民性之軍事制度也。

嗚呼中國今日，乃日日在威脅中者，非彼侵略性之國家為之厲哉？然則彼利急，我利緩，彼利合，我利分，彼以攻，我以守，此自然之形勢，而不可逆者也。三十年來襲軍國之貌，專以集人，悉索天下之財，以供其食。其自兵言也，則以養十兵之費，而不得一兵之用；其自民言也，則以五人之所出，不足以供一人之食。物極必反，此其時蓋已亟矣。夫不於國民自衛上立一根本政策，微獨裁兵為不可行，即裁矣，其為禍於將來，殆亦與當年之軍國論相同，抑且或過之也。

民兵制之善美洵有然矣，雖然，將何法以實行？二十年來軍國民教育之聲盛倡於朝野，夫固曰救中國之積弱，而自強之結果乃適以養成今日之偽軍閥。今我儕乃趾高氣揚，以談民兵制，若仍是一循舊法，則誠不過一種名詞之改革耳。偽民兵之結果或者更甚於偽軍閥，吾儕殊不敢斷言。吾儕既具有往昔失敗之經驗，則於此種新名詞新方法更當加一度之思考。

且義務民兵制者，實一種最進步的軍事組織。其為事業之久遠與規模之擴大，雖以今日之英法，尚且有志而未逮。卓萊氏曾有言曰：「各國現行軍制中，其性質為國民的，其精神為民主政治的，則莫瑞士若也。「所以然者，曰瑞士之軍事生活，與民事生活溶成一片。其所以能溶成一片，則以其在營時間至少也，則以其徵募非僅為地方的而為地段的也。則以其舉無量數健全之市民而為『地段部隊』之組織也。雖然吾不欲舉瑞制而直移植於法也。蓋瑞制之於瑞士誠哉其為盡善盡美，若移植於法則尚須若干之重要的修正，其修正之標準以適於法國國情為度。

「即以常備軍教育論，瑞士之所謂幼年青年軍事預備教育的習慣，法國則全然無之。此種習慣必也於不恃軍隊為侵掠之國家始能養成之，必也於不視軍人為特別階級之國家始能養成之，必也於僅以軍隊保護國民之獨立及人類之正義之國家始能養成之。法國國民若瞭解此義，則此習慣之於法國油然生矣。顧頻年以來，法國之民主政治、法國之軍事教育，皆不足以使法國國民瞭解此義，皆不足以便法國油然生此習慣。是故必假嚴重法律之規定，以代習慣之缺點而後可也。其在瑞士固已有此習慣也，固有之而且堅者也；有之且堅，其法律尚規定之而不一任其習慣，而不一任其人民之自動。然則無之之法國，其可不亟設嚴重法律以策行之哉？一八七四年以來瑞士法律規定之曰：『凡少年自十歲至初等小學畢業之年齡，無論其在小學與否，皆須以鄉村政府之注意，而從事體育操練，以為服兵役之準備』

「瑞士之義務教育，至十四歲而止。故凡自十歲至十四歲者，皆當從事體育操練，以為服兵役之準備也。自初等小學校畢業至入新兵學校之年，即自十五歲至二十歲時，少年皆當繼續此種體育操練，且自十八歲至二十歲尤當加入射擊演習。據烈馬翁 Lemant 之說，自十五至二十之體育操練，法律雖已規定其原則，而施行細則，至今尚未規定。是故軍事預備教育之在瑞士自十歲至十四歲為強制的，自十五歲至二十歲為習慣的。即弱半在夫政府之監督，強半在大國民之熱心也。

「其在法國，若一任國民之熱心，則有兩重之危險。第一，國民既無此種習慣，則對於軍事預備教育之意義，自不十分瞭然。不瞭然則無興味，無興味則行之不力，而其事難於收效。第二，行之即力矣，而以習慣不深，辨別不明，政治家往往藉辦此種體育團體，而牢籠煽惑其所屬之少年，於是少年此及成年，或對內各依所親，而入主出奴，以分黨派，或對外而為好戰復仇的行動。欲免去此兩重危險，則一面須教育以新其內，一面須法律以齊其外。新其內者，王道無近功；齊其外者，治標之急務。故吾謂實行軍事預備教育於法國，急宜嚴定法律以策其實行，並宜嚴定製裁以罰其行之不力。」

夫以中國好淺嘗、重形式之習慣既如彼，而新制之久遠擴大而難行又如此，卓萊氏欲移植於法，且不能不鄭重再三。吾儕欲以之移植於中國，而不於中間得一過渡之要點，則亦唯是名詞之變易，而於事實無當。吾思之，吾重思之，而得一著眼點之所在也。其點維何，曰執簡御繁是已。

自近世盛談法治，而歐洲諸國之繁密典章，日日輸入於中國，強以負於窳陋腐敗之行政系統上。是故動則煩民，而事仍不舉。而作偽之風，乃相加迄以無已。若戶口調查，若義務教育，若清理田賦等，皆是也。中國素以冗員聞，其實真正欲舉一事，則行政官吏之數，當較現在加數倍。此義與上文養兵三百萬之說相類矣。蓋中國社會中最大缺乏者，實為組織能力。故無論何種新制度，必先得一種執簡御繁法，而後新制度乃可望其有成也。

吾之所謂組織云云者，蓋兼時間空間而言。國家之事業，以百年計，而人類之事業，至多不過二十年三十年。前人之事業，非有後人繼之，則必不能成。況軍事以財政關係，其所以能以較少之費得較大之力者，全視乎時間上之騰挪。而中國行政之於此，則缺乏之甚者，此言時也。至於幅員之廣大，風氣之不同，交通之不便，則空間之阻塞為力，亦復不少。而所最感困難者，則尤在國家之無組織能力。

所謂簡者何物乎？蓋即制度中最後之一點精神是也。譬之種植也，擇其一粒種，而置之風日適宜之地，而勤其朝夕灌溉之功，則不勞而其根自植。不此之務，或截其一枝而移接焉，或竟欲為整個之移植，其勞無藝，而枯萎乃日相續。中國之新法皆截枝之類也。

義務民兵制之種何在乎？曰，即所謂軍事生活與民事生活溶成一片是也，而其機括乃在教育。平時之軍隊，一教育機關也；平時之學校，亦一教育機關也。然則何以不在學校而在軍隊？軍事上研究有若干點，非在軍隊教育不可？軍隊中之體育與學校中之體育，其不同之點何在？軍隊之射擊與獵人之射擊，其不同之點何在？軍隊中之精神講話，而移之於學校講堂中，其不可能之要旨何在？如是種種分析之結果，而得最後之解決，曰：各種教育，件件可於學校行之，唯大規模之群眾運動與生活，非在軍隊編制之下，不能植其礎。然學校固不能用軍隊之編制，而軍隊則固可以仿學校之辦法。不唯辦法，且並名義而可易也。故瑞士之常備軍，不曰軍隊，而曰新兵學校。

是故欲立義務民兵之基礎，其在中國只須簡單明瞭之兩律：

其第一律曰，自今以往，凡師範中學校之學生，非受過三年間共六個月（每年二個月）之軍事教練者，不得畢業；

其第二律曰，自今以往，無專門學校以上畢業之文憑（已受過六個月軍事教練者），不得為常備役之官。

無論今日學校若何之不完備，今日軍隊若何之不整頓，苟能將軍隊與學校之界限中，溝通一條道路，則民兵制之於將來自能逐步發達。此二基礎不立，則雖有繁密之法律，恐亦無所用之也。

雖然上述之義，不過為國家將來之一種方針，以示（1）護國義務非一部分專門人所能獨占，尚當公之國民全體；（2）軍事教育之精神，實能依健全之常識，而益增其度云耳。至於目下事實上之國軍建製法，則斷不能以此自足，而其事之有待於吾人勞力者，正復絕大也。

此種事業，實有賴於軍事上一種組織天才。在歐戰之初年，將軍伯魯麥曾論英國之運命，當視其陸軍卿吉青納之組織天才以為定。彼以為英國擁廣博之資源，其缺點乃在平時無適當之組織，以予觀於中國，其事乃正復相類。而今後之有賴於此種天才者，其激切乃更無等。此種天才必具有下之三條件：

其一曰，大膽的創造力。凡制度之為事，最易蹈陳襲故。人民一旦習慣而驟欲易之，則每覺其扞格難通，務必恢復其原狀以為快。即貌曰改革，其實所謂改革者，仍是一種因襲。而不知真正制度之原始，無一不自創造來也。

其二曰，緻密的觀察力。今日軍隊必合社會上各種力量而後成，絕不能如古武士之獨居孤堡，以自帳其軍。極端言之，彼對於社會上無論何事皆當用一番觀察工夫，蓋國家為一整個，軍事組織又為一整個，牽一髮則全身動也。

其三曰，徹底的行政能力。縱有方法而使弱者當其任，則效不見而信不能立。此在中國群眾政治之下，而行政系統又極窳陋者，其為用尤屬緊要也。

天才的立法家，可遇不可求。而吾人以其誠之力與智之光，則根據於國民全體的組織能力，而於將來民軍組織之大綱，得其要領如下：

一、建制之主義——以自衛為根本原則，絕對排斥侵略主義；

二、編制之原則——軍事區域之單位宜多，而各單位內之兵力（平時）宜少；

三、建設之順序——以京漢鐵道以西為總根據，逐漸東進以求裝置完全。今試依上文原則而立具體之方案如下：凡軍隊別為三種。

一曰，幹隊 以十八萬乃至二十萬人為最大限。其任務（一）為戰時軍隊編成之骨幹。（二）為平時國民軍事教育之機關。

編制 全國設百二十個軍事區，為國防之據點。每區以步兵千二百人為幹。而斟酌地勢附以特種兵。其在黃河流域以內，至少須設定七十個以上，（其餘之特種兵役，得另集為集團教育，如騎兵礮兵及其他技術諸部隊之類。）此軍事區之司令，以將官為之，為地方軍事之最高長官，其幕僚之組織應較大分為二部。

第一部 即師團司令部之諸官。

第二部 即聯隊區司令部（管理徵兵事宜者）兵器支廠及戰時留守司令部之諸官。

補充 仍用招募法，現役以八年為期，退為預備役四年。凡曾受義務教育年在十九以上二十四歲以下者始得應募。

給養 除公給衣食住外，其餉項第一年月約三元，第二年月四元，此後按年以月增二元之率遞增。

教育 除第一年專教軍事動作外，嗣後除一定之訓練，及教育新兵外，逐年遞增普通學功課，其程度以中學畢業為基準。

升級 第七年第八年兵，均為下士。第八年退伍後得依相當之順序，升為預備或現職官長。

退伍 退伍後四年中動員時，仍負應募之義務，礮工兵對於交通，內務諸行政部及各種官營事業之相當官吏，有儘先任用之權。步騎兵對於教育部及地方諸行政衙門之相當官吏有儘先任用之權。

二日，正規軍或日國民軍 以戰時得員百五十萬人為度。用義務制，其原則如下：

凡軍事區之大小範圍，以周圍四日行程為原則，不必區區相連，其人口過密過疏之地點，另定之，凡在軍事區範圍以內之人民，負有兵役義務。

兵役義務為十二年，自二十歲起至三十二歲止。

服役義務為二個年，每年三個月，共六個月。以陽曆十一、十二、正三個月為準。應召義務，十年間共四回，一回約一個月。

此項正規兵，以十年間完成。每年應徵集十六萬人。第二年終之在營最大給養額為三十二萬人。

服役時期中，仍給月餉，月約三元。被服糧食由公給。

三日，義勇兵 人數不定，即凡中學校畢業曾受軍事教育者，戰時得自以志願呈請本區司令部，服特種勤務。

此外尚有數事應注意如下：

（一）物質上之準備 一為兵器，上海、廣州之兵工廠，應改為民間工業之用，而於太原設兵工廠，俾與鞏縣、漢陽成三方面兵器補充之根據地。二為裝備，武勝關、兗州附近，應特別設輜重材料廠等，俾南方兵力移動至北方時，得相當之準備品。三為交通，沿津浦、京漢間之東西行國道及河流，應先著手整理。四為要塞，東部各據點，視形勢之必要，得為要塞之設計，其要點另詳。

（二）內部治安之責任 此事若以徑付諸民事長官，則勢有所不能。若以付諸軍事區之司令官，微獨區域範圍有過大之害，且將此基幹隊絕對變為駐防性質，有事時，將無一兵之可動。以吾計則內部治安，當分任其責，即鎮壓防守之責任，應絕對責諸民事長官，唯有大部匪徒，非剿不可者，則始用幹隊限期以集事，此為現在過渡時代之辦法。其實此百二十個區域既定，則匪之區域，天然自會縮小，蓋彼只能活動於網眼以內，而不能活動於網眼以外也。

此種制度，實一種軍事的教育化，與其謂為軍事的變態組織，毋寧名之曰「學校的變態組織」。其優點在以少數之費用得確實之自衛方法，所謂國防上之經濟效率，全世界均同此趨嚮者也。此稿初成，乃得最近之日法美各國之軍制改革計劃大要，則其大致乃相差不遠，而尤以美國目下之制度為相近。乃知此後世界之軍事趨勢殆將殊途而同歸。而中國除甘心沉淪，不欲自列於世界中之一國外，則捨此之外別無他途可走也。

第二章　軍國主義之衰亡與中國（民國十一年作）

一二年來「軍國主義」四字，已成為社會上之共同攻擊目標，此其原因有二：（一）十年來武人政治之結果，社會紛擾，民生困窮，而武人自身之貪暴，尤為國民指摘之媒；（二）歐戰之興，西方則感於德軍之橫暴，東方則感於外交之失敗，而軍閥派侵略主義之罪惡，遂為一種鼓吹敵愾之用。

此二種立腳點，蓋絕對不能相混同。然言論既處於不自由之地位，談外交則須避德探之嫌疑，談內政則須避過激之徽號，不得已，借德國之失敗，乃為之大張旗鼓曰「軍閥滅亡」，曰「軍國主義失敗！」，蓋一種象徵文字也。故終始不見有一種斬絕明瞭之議論。

吾今試發一問曰：「公等競言廢軍閥矣，今若有人焉，一戰而侵地，復再戰而藩服興，公等將歡迎之乎？抑反對之乎？」反對之，則是承認侵地藩服之當然割於人也。歡迎之，則是固軍閥之開山祖也。

是故攻擊外國之軍閥為一事，責備國內之武人又為一事。雖然，吾文宗旨乃不在攻擊軍閥，亦不在責備武人。

何以故？著之空言，不如見之行事之深切著明也。彼軍閥與武人，方且日日以事實宣布其罪狀於國民及世界之前。其傾全力以自殺也，唯恐其不速，唯恐其不極。吾人於此，而乃以空言責之，於勢為不必，於情為不忍，即哀衿焉，為之垂涕而道，而於事亦無補者也。

吾之宗旨，乃在表明此後世界之軍事潮流乃與我中國民族之特性及歷史在在相吻合，而國家之未來乃日日在光榮之進步中，使吾國民於此可以得無量之歡喜與慰安者也。

自世界交通以來，人類對於國家之觀念，大別為三種：

一、以國家存在謂不必要者。以為人類之幸福，發生於互助。互助者，人與人之關係，而家、而市、而邦、而國，皆不過一種歷史上之過渡，然以經濟制度之關係，而國家一物，乃為人類互相殘殺之根本。是謂極端之「大同主義」。

二、承認自己國家之存在，而同時以同等之理由，承認他人國家之存在，而尊重之者。法國卓萊氏所謂「大國家主義」者也。

三、承認自己國家之存在，而同時否認他人國家之存在，以為他人國家之存在，根本上與自己國家存在不相容。此則近世所謂德國學派之「國家至高主義」者也。(國家至高云者，尋常對國內之個人言，其實為否認他人之國家也。)

原歐美國家成立之方式，則亦有三種：

一、君主統率其民眾而使之團結者，如拿破崙及其以前之法國是也。

二、由人民個性之向上，而自行團結者，如今日之法美是也。

三、有貴族上挾君主，下率平民，而團結成為國家者，如戰前之英德是也。

軍國主義者，以第三種貴族國家之形式，而實行第三種國家最高主義者也。故其成立之要素，有絕對之條件二，相對之條件三。

絕對條件：一、貴族政治國內有多數之貴族，其組織之堅強，道德之高尚，足以統率全國國民；而其時人民，適當舊歷史之信仰未去，而新世界之智識初開。二、侵略主義國外有明瞭之目標，以為侵略主義之根本，而國民對此目標有歷史上之遺恨，故能於時間空間上，為統一之行動，而能成功。

相對條件：一曰地狹，二曰人稠，三曰國貧。狹則便於組織，稠則富於供給，貧則國民自身感於侵略之必要。在歷史上求此種條件理想的適合者，則為十九世紀上半期之普魯士、二十世紀初元之日本。而其軍事制度，則有特點二：

一、厲行階級的強迫的軍事教育，蓋貴族制度以階級為團結之唯一要義也。

二、維持極大之常備兵，蓋侵略主義以攻擊速戰為成功之條件也。

是故軍國主義者，姑無論其於理為不正當，於事為不成功。即正當矣，亦決非吾中國之所得而追步者也。今日則事實既以相詔矣。三十年來，棄其固有之至寶，費高價，購魚目，而且自比於他人之珠！嗚呼！此亦拜鄰之賜多多也。

中國家根本之組織不根據於貴族帝王，而根據於人民；中國民軍事之天才，不發展於侵略霸占，而發展於自衛。故吾今者為不得已乃創下之宣言。

中國民當以全體互助之精神，保衛我祖宗遺傳之疆土。是土也，我衣於是，我食於是，我居於是，我祖宗之墳墓在焉，妻子之田園在焉。苟欲奪此土者，則是奪我生也，則犧牲其生命與之宣戰。

是義也，根據歷史，根諸世界潮流。

雖以孔子之學理，定君權於一尊，而終不能改堯舜禪讓、湯武革命之事實，使後世之二十五朝，變而為萬世一系君主之相繼。權不操諸君主，而操諸人民，此真吾國體尊嚴之大義也。而秦漢以還，階級制度消滅殆盡，布衣卿相，草莽英雄，而農民自由，尤為吾中國國家社會之根本。以視彼歐人，侈言自由，而農奴制消滅，僅僅在六十年前者，何可同日語。故一部二十四史入於帝國主義時代之眼中，為一片失敗羞辱史，入於民主社會主義時代之眼中，則真一片光榮發達史也。

若夫軍事天才，則孫子實首發明「能為不可勝，不能使敵必可勝」之原則。（歐人兵略之精者，孫子多言之；而孫子此義，則吾遍讀各大兵學家之書未之見）而自華元守宋，乃若赤壁之戰、睢陽之守，而堅壁清野，而保甲團練，乃至近世湘軍之興，蓋皆寓積極於消極之中，利用國民自衛之心以衛國，而無不有成。蓋歷史之遺傳，與環境之影響，使中國民視侵略為不必要，自衛為當然權利，其至高之道德，乃適為今日與世界想見之用也。嗚呼，豈不偉哉！

（注）雖以侵略主義之國家，亦必借「國防」二字以自掩飾。雖然，充其國防之意義，則雖全太陽係為其軍略上所占領，而未有已也。甲與乙鄰也，乙不得，則甲危，固也。乃得乙，乙又與丙，丙又與丁，其鄰也，乃相續於無窮。則雖占領太陽系，而此外

之恆星猶無窮也，此種國防政策，他人不之信，即自身之國民亦不之信，自欺欺人，以盜燦爛之勛章而已。

是故吾中國之不得志於十九、二十世紀之交，則事理之當然者也，何也？性不適於軍國主義也。雖然，侵略政策、國家主義終有一旦之自斃。

故歐戰一起，而世界之新局面開！今姑就軍事範圍言：

歐洲百年來軍事組織，以德法為兩大宗。今試問德國，此後之軍事將何適之從？將惑於外患而仍奉其權於貴族乎？事固有所不可。將以除貴族之壓制，乃歡欣鼓舞，悉唯他人之命是聽乎？心固有所不甘。然則必出於一途也可知已曰：發達其國民之個性，利用其鄉土觀念，以自衛是已。

軍事進化之潮流，必由專門性而遞入於普通性。十八世紀之募兵，專門職業家也。十九世紀之徵兵，則漸進為普遍性，唯組織根據，仍在貴族與階級耳。而二十世紀之國防責任，乃不在精練之兵，而在健全之民。其一切制度，亦將變為社會之普通物。此則歐戰時，美國已為之開先例。而德人受條約之束縛，將捨此莫由者也。

然則法國戰勝國也，可以維持其軍隊矣！信如是也，則吾敢決二十年後，法必為經濟之亡國。嗚呼！吾讀卓萊氏之《新軍論》（原名為《國民之防禦與世界和平》）而怦然心動也！卓萊為社會黨首領，以極端反對戰爭之人，而生於不能不戰之國。彼乃於兩極之間，為法國，為世界，戰後之軍制，立一大原則。其大意以瑞士之國民兵制度為基礎，以少數之幹隊，為全國軍事之教育機關。廢二年兵役，而以其一年半之教育，分十年注入於國民教育之內。今戰後布置，雖未獲其詳，而復員後半減其現役額，獎勵青年團，移軍事教育之重心於小學校，則其政策端緒之可見者也。

是故新軍國主義者，根諸歷史，根諸世界潮流，而其辦法，則別大綱為二：

一、撤銷常備軍，以少數之幹隊立國民軍之基礎。

二、實行平等教育以互助代階級，不求得精練之兵，而求得健全之人民。

至於從中國現狀言，吾儕所最感危險者，即鄰近富於侵略性的國家。《三國志》劉玄德有言：「今與我爭天下者曹操也，彼以詐，我以仁，必事事與之相反，乃始有成。」我儕對敵人致勝之唯一方法，即是事事與之相反。彼利速戰，我持之以久，使其疲弊；彼之武力中心，在第一線，我儕則置之第二線，使其一時有力無用處。

唯所謂「國民防禦」，所謂「國民自衛」，乃指國家軍事之大方針而言。與策略上戰術上的攻勢守勢不可相混，上文所謂自衛主義、侵略主義之利害，不能以之作策略戰術上之攻擊防禦利害解，而軍事上之自衛主義與軍事教育上的攻擊精神，不僅不相妨害且有相得益彰之理。兵略上攻擊精神是戰勝唯一要件。但攻擊精神，如何才能發展，用兵是用眾，凡群眾運動之要訣，第一在目的明瞭理由簡單。國民為自己生命財產，執戈而起，此是最簡單之理由，最明瞭之目的，是為攻擊精神之核心。茍培養得宜，即開花結果。德國此次戰敗之原因，自兵略言，即是目的不明瞭，理由不簡單。自宣戰理由言之，是攻俄；自軍事動作言之，則攻法；自最後之目的言，則在英。失敗之大原因，即完全因侵略主義。野心者視此土既肥，彼島更美，南進北進名曰雙管齊下，實是宗旨游移，而其可憐之人民只有一命，則結果必至於自己革命而後已。

第三章　義務民兵制草案釋義

義務民兵制草案者，法國前社會黨一首領卓萊氏採瑞士之義務民兵制度，案諸法國國情而改良之，欲以提出於議院者也。為鼓吹此種制度，乃著一書曰《新軍論》，一名《國民防禦與國際和平》。其大要，以為吾人確信戰爭為一種罪惡，吾人確信侵略主義必終失敗，雖然吾人乃日日在被戰爭侵略威脅之中。嗚呼！此法國戰前之形勢，抑何與中國相類也。又以為國民為軍事上負至大之犧牲，而究其實質之所得，乃適相反，是自殺也。此則中國今日形勢，雖較法猶為過之，而不知其幾倍者矣。

卓萊氏以反對戰爭之人，而生於不能不戰之國，方歐戰之初起，擬往比利時開萬國社會黨同盟大會，用全歐罷工政策以阻止戰事之發生，而法人乃激於敵愾者，以其主張和平反對之，卒為狂漢刺死。時千九百十四年九月一日也，志士多苦心，此之謂矣。然其《新軍論》，於法國之自衛主戰及方法，深切著明，歐戰後不脛而走全歐，今英德二國，尤樂誦其書焉。

世界各強國之軍隊事業，姑無論其為侵略、為自衛，其朝夕之所岌岌遑遑者，蓋實為教育一事，平時之法令章制，亦大多數根據於是。此草案則亦一種教育方案也，彼其責任，即實行此方案責任者，義屬諸民治方面者蓋較軍人方面為尤重，謂之為武人之文化可，謂之為文人之武化，亦可也。

抑愚尤有感焉。卓萊氏以政黨之魁，而對於兵事上知識之完備，眼光之正確，專門家且慚焉。則信乎法國議員之可以任陸軍總長，而赳赳者乃悉降心焉。蓋唯政治家教育家等能共負此自衛國難之責，不以此至難之業，至高之名譽，專付之軍人；而後武人偏僻之見可以消，專橫之弊可以免。嗚呼！此亦一治本之策也，世之君子，盍其念諸。

義務民兵制草案（法社會黨首領卓萊氏擬）劉文島 廖世勛譯

第一條 凡健全之民，自二十歲至四十五歲，皆有協助國民防禦之責。自二十歲至三十四歲為常備役；自三十四歲至四十歲為後備役；自四十歲至四十五歲為守備役。

第二條 常備役人民組為若干師，各師按其所轄之地段，組織其徵募區，各師組織以若干步兵團為主，而輔之以騎兵隊、砲兵隊，及工兵隊。步兵團分為若干步兵營，步兵營更分為若干步兵連，騎兵團分為若干騎兵連，砲兵團分為若干砲兵連。

第三條 按人民之居住地段，劃定軍隊之初級部隊，每初級部隊人員，以於同一地段內徵募之為常例，然無論何時為充足騎炮工等特種兵之初級部隊人員起見，得擴充此徵募地段，但以不超過其師團之徵募區為限。

第四條 常備兵之教育，凡三種：日兒童及青年之預備教育，日新兵學校之教育，日定期召集之教育。

第五條 預備教育，為自十歲至二十歲之兒童及青年而設，其主旨不在造就一軍事速成生，而在夫致其身體之健康與活潑。其方法先教以徒手體操、各種步伐、協同勁作、敏捷及巧妙的遊戲、射擊練習等，然後按順序，教以擊劍乘馬等。俾與日常之合規操作相融習，期以激發其競爭心，以期隨各人之天稟而發展其機能之力，以期療治或預防其身體之損壞。負管理及檢查此生理的教育之責者，為所屬部隊之軍官及下士官，為官立私立各學校之教員，為地方醫生，為三十人軍事改良顧問會。此三十顧問由各團徵募區以普通選舉選出之，所以代表各種兵者也。

凡青年乘馬須於教員指導之下行之。

凡教員為克盡此生理的教職計，須在師範學校受過特別的教育。

凡兒童及青年被召集演習時，為其家族者，須教訓其子弟，周慎熱心以從事。兒童及青年之懶惰性成者，將科以種種刑罰，或於一定期間內禁止其從事公職，或延長其新兵學校之在學期間。

對於最熱心最進步之個人及團體，獎賞之，褒揚之。

第六條　凡青年滿二十歲至二十一歲時，則使其入最近衛戍地之新兵學校，按其兵種，或教以步兵連演習，或教以騎兵連演習，或教以砲兵連演習，學期皆以六個月為限。此六個月教育，或一次受之，或前後兩次受之，然兩次分受時，須於一年以內完了之。受此教育之召集時機，須注意選定之，以能於野外演習，利用各種地形為度。

由新兵所形成之教育團體，非為一有機的且常設的部隊。新兵教育受了之後，則各散歸如第三條所述初級部隊之居住地段。

第七條　常備役人民於新兵學校畢業後，尚有十三年之勤務；十三年中召集從事於演習者凡八次，四次為小部隊演習，四次為大部隊演習，兩者更番舉行，是為常例。小部隊演習期限凡十日，於其本地或本地鄰近舉行之，大部隊演習期限凡二十一日，於較遠之地及軍隊野外暫駐所舉行之。

軍隊野外暫駐所須增設之，俾四倍於現有之數。

凡在同一部隊之人民須同時召集之。

凡軍官下士官及軍事改良顧問等，須勉勵兵卒於規定演習之外，常熱心練習行軍射擊等事。

各兵卒自藏軍服於家，如有損壞，須負賠償之責。

東邊各省（即德國接壤）各兵卒，須藏兵器於家。砲兵儲藏所及騎兵儲藏所，須分設於其各地。又須於其地建設縱橫輻輳之各種道路，俾火車、無軌列車、自動車等來往敏捷，輸送頻繁，則一旦臨事，其地人民始能迅速動員，即刻集中，以掩護全國之一般集合，飛行機等亦須集中於其地。凡全國飛行人員學習三個月後。皆當赴其地之軍隊野外暫駐所，補習飛行，以完全其教育。

第八條　軍官由兩部而成，其一即下士官與本職軍官，其他即下士官與民事軍官。唯本職下士官擔任新兵學校之教育。

新兵在學三個月後，則選擇其能幹者，為下士官職務之準備，選擇時以其在預備教育時代之成績，在新兵學校之行為，及其普通教育之程度為標準。

下士官教員委任之，委任時須得團委員會之同意。團委員會之會員為團長，各級軍官之代表，由普通選舉選出之軍事改良顧問等，下士官候補生在新兵學校準備三個月後，若認合格，則送入下士官學校肄業；三個月畢業後，則派赴各該候補生居住地段之部隊，或其居住地段鄰近之部隊，充當下士官。

無論何人不能辭卻此種委任，被委者若不願意，強制之。

下士官學校之學生，受相當之日俸。

下士官執勤務時，須予以相當之俸給。久於其職之下士官，無論其從事於何項公職，均得以下士官名義，領受資深獎金。民間廠主店東等，須為下士官組織勞動會社，適應各下士官之效能，予以相當之位置。五十以上之下士官，得受養老年金。士官之缺，須以下士官之資深者升補之，下士官之多數終升為少尉或中尉。

第九條 軍官額三分之一為本職官。

各種勞動會社如勞動委員會，如勞動協助會，如勞動共濟會等均得共給學費，為其會員優秀子弟之軍官準備教育費。

法國重要之大學凡六，以各大學所在地為根據，劃分全國為六區，即各區之大學內，各設一軍事研究班，凡有學士文憑之青年，試驗及第而又受過新兵學校六個月之教育者，得入此軍事研究班肄業。此軍事研究班，四年畢業，教以各兵事之特別學術，其學員除軍事學外，應竭力隨同大學之普通學生研究歷史、文學、哲學、社會經濟學，以及其他高等科學，以為他日管理指揮新兵學校之用。學員在學期間，受國家之日給，其家屬貧者亦得受補助費。四年畢業之後，則授以少尉，或使教育新兵，或使指揮部隊，或同時使兼兩職，其於大學之年度，則按畢業之先後計算。其資深者得儘先補充大尉之職，此等少尉晉級之先，須在大學軍事研究班，最少受過二十日之特別教育，為升級之準備。

關於軍事教育問題，大學校得開陳意見於軍官或軍官團。本職軍官，有會同教員及由軍事改良顧問會，所選出之委員，監視預備教育之責，且有助成民事軍官教育之責。

軍官試驗及第之後，得入陸軍大學，陸軍大學者，所以養成高階軍官之人才，所以養成參謀職務之人才，所以整頓劃一各大學軍事研究班之教育。陸軍大學之課程，須陸續授予各大學之軍事研究班。

第十條　軍官額三分之二，為民事軍官，民事軍官徵選於民事下士官之中，供職於其居住地段之部隊或其居住地段鄰近之部隊。

凡人民或於大學或於省城，受過軍事特別教育者，則給予一種軍學文憑。有此文憑者，得連續取獲軍官之職，得享受資深獎金；無此文憑者，不得受醫生、律師、工程師、教員之文憑。

民事軍官亦得受俸給，久於其職者無論其從事何項公職，亦得以民事軍官名義領受資深獎金；五十歲以上者，亦有受養老年金之權；下士官被任為軍官時，無論何人不得辭卻此委任；如志願候補者不足時，或志願候補者程度不足時，得強制徵選以足其額。

第十一條　軍官升任分為兩種，一曰敘升，一曰選升。如民事軍官之任命，其一半即自軍官中之有軍學文憑者敘升之，其他一半則自無軍學文憑之下士官中之能幹者選升之，大半選升為少尉及中尉。少尉中尉以上，不得由下士官中選升之，然為數漸少。

第十二條　軍官升任，須按表行之。此表之造成者，為團委員會及師委員會。此等委員會之會員為團長師長，各級軍官之代表，由普通選舉選出之軍事改良顧問等，如須投票時，以上各會員各有一投票權。

第十三條 軍官年齡達三十四歲以上者，依其志願仍可供職於常備兵。然有供職於後備兵及守備兵之必要時，則須供職於後備兵及守備兵之步隊，且值必要時，得同時兼常備兵、後備兵、守備兵各部隊之職。

第十四條 後備兵部隊由滿三十四歲至四十歲人民之隸屬於鄰接的常備兵部隊者而成。守備兵部隊由滿四十歲至四十五歲人民之隸屬鄰接的後備兵部隊者而成。後備兵部隊及守備兵部隊之軍官，或為在常備兵部隊之舊軍官，或為常備兵部隊之下士官直接升任者。

第十五條 陸軍總長關於軍隊之集中、糧餉器械之運搬儲藏等，平昔須為一切必要之處置。俾一旦臨事，常備兵能完全利用，以作第一線之軍隊。

第十六條 此種軍隊，為防衛國家之獨立，攻擊敵人之侵略而設。戰爭非由於防衛，則是一大罪惡。政府竭盡調處手段，而相對國家不受調處，或調處不諧，至不得已而宣戰，則此種戰爭始可謂為防衛的戰爭。

第六篇　中國國防論之始祖

緣起

往者在東，得讀《大戰學理》及《戰略論》諸書之重譯本，嘗掇拾其意義附詮於《孫子》之後，少不好學，未能識字之古義，疑義滋多焉。庚戌之秋，餘將從柏林歸，欲遍謁當世之兵學家，最後乃得見將官伯盧麥，普法戰時之普軍大本營作戰課長也。其著書《戰略論》，日本重譯者二次，在東時已熟聞之矣。及餘之在德與其侄相友善，因得備聞其歷史。年七十餘矣，猶好學不倦，每歲必出其所得，以餉國人。餘因其侄之紹介，得見之於柏林南方森林中之別墅。入其室，綠蔭滿窗，群書縱橫案壁間，時時露其璀璨之金光，而此皤皤老翁，據案作書，墨跡猶未乾也。餘乃述其願見之誠與求見之旨。將軍曰：「餘老矣，尚不能不為後進者有所盡力，行將萃其力於《戰略論》一書，今年秋當能改正出版也。」乃以各種材料見示，並述五十年策略戰術變遷之大綱，許餘以照片一，《戰略論》新版者一，及其翻譯權。方餘之辭而出也，將軍以手撫餘肩曰：「好為之矣，願子之誠有所貫徹也。抑吾聞之，拿破崙有言，百年後，東方將有兵略家出，以繼承其古昔教訓之原則，為歐人之大敵也。子好為之矣！」所謂古昔之教訓云者，則《孫子》是也（是書現有德文譯本，餘所見也）。頃者重讀《戰略論》，欲舉而譯之。顧念我祖若宗，以武德著於東西，猶復留其偉跡，教我後人，以餘所見菲烈德、拿破崙、毛奇之遺著，殆未有過於此者也。子孫不肖，勿克繼承其業，以有今日而求諸外。吾欲取他國之學說輸之中國，吾盍若舉我先民固有之說，而光大之。使知之所謂精義原則者，亦即吾之所固有，無所用其疑駭，更無所用其赧愧。所謂日月經天，江河行地，放諸四海而準，百世以俟聖人而不惑者也。嗟夫，數戰以還，軍人之自餒極矣，尚念我先民，其自覺也。

計篇

總說此篇總分五段，第一段述戰爭之定義，第二段述建軍之原則，第三段述開戰前之準備，第四段述策略戰術之要綱，第五段結論勝負之故。全篇主意，在「未戰」二字，言戰爭者，危險之事，必於未戰以前，審慎周詳，不可徒恃一二術策，好言兵事也。摩爾根日「事之成敗，在未著手以前」，實此義也。

第一段

兵者，國之大事；

毛奇將軍自著《普法戰史》開章日：「往古之時，君主則有依其個人之慾望，出少數軍隊，侵一城，略一地，而遂結和平之局者，此非足與論今日之戰爭也；今日之戰爭，國家之事，國民全體皆從事之，無一人一族，可以倖免者。」

格魯塞維止著《大戰學理》第一章，戰爭之定義曰：「戰爭者，國家於政略上欲屈敵之志以從我，不得已而所用之威力手段也。」

伯盧麥《戰略論》第二章曰：「國民以欲遂行其國家之目的，故所用之威力行為，名曰戰爭。」

案既曰「事」，則此句之兵，即可作戰爭解，顧不曰戰而曰兵者，蓋兼用兵（即戰時運用軍隊）、制兵（即平時建置軍隊）二事而言之也。兵之下即直接以國字，則為孫子全書精神之所在；而毛奇之力關個人慾望之說，伯盧麥之一則曰國民，再則曰國家之目的，皆若為其註解矣，豈不異哉。

死生之地，存亡之道，不可不察也。

案死生者個人之事，存亡者國家之事，所以表明個人與國家之關係，而即以解釋上文之「大」字。「察」者，審慎之謂，所以呼起下文種種條件：

第二段

故經之以五事，校之以計而索其情：一曰道，二曰天，三曰地，四曰將，五曰法。

此段專言內治，即平時建軍之原則也。道者，國家之政治；法者，國軍之制度；天地人三者，其材料也。中國古義以天為極尊，而冠以道者，重人治也（即可見孫子之所謂天者，決非如尋常談兵者之神祕說）。法者，軍制之根本，後於將者，有治人無治法也。五者為國家（未戰之前）平時之事業。經者本也，以此為本，故必探索其情狀。

道者，令民與上同意也，故可與之死，可與之生，而民不畏危。

毛奇將軍《普法戰史》第一節，論普法戰爭之原因，曰「今日之戰爭非一君主慾望之所能為也，國民之志意實左右之。顧內治之不修，黨爭之劇烈，實足以啟破壞之端，而陷國家於危亡之域。大凡君主之位置雖高，然欲決心宣戰，則其難甚於國民會議。蓋一人則獨居深念，心氣常平，其決斷未敢輕率；而群眾會議，則不負責任，易於慷慨激昂。所貴乎政府者，非以其能戰也，尤貴有至強之力，抑國民之虛驕心，而使之不戰。故普法之役，普之軍隊僅以維持大陸之和平為目的，而懦弱之政府（指法）適足以卷鄰國（指普）於危亡漩渦之內。」

此節毛奇所言，蓋指法國內狀而言也。拿破崙第三，於俄土奧意之役，雖得勝利，僅足以維持其一時之信用，而美洲外交之失敗，國內政治之不修，法國帝政日趨於危險。拿破崙第三欲自固其位，不得不借攻普之說，以博國民之歡心，遂至開戰，故毛奇曰「懦弱之政府」云云。

《普奧戰史》第一章摘要，自拿破崙之亡，普人日以統一德國為事，所持以號召者則民族主義也。顧奧亦日耳曼族也，故普奧之役，時人謂為兄弟戰爭，大不理於眾口，而議會中方且與俾士麥變為政敵，舉前年度之陸軍預算而否決之。千八百六十六年春夏之交，普人於策略政略之間乃生大困難，蓋以軍事之布置言，則普國著手愈早則利愈大，而以致治之關係言，則普若先奧而動員，微特為全歐所攻擊，且將為內部國民所不欲（西部動員時，有以威力強迫始成行者）。普王於是遷延遲疑，而毛奇、俾士麥用種種方法僅告成功苦心極矣。數其成功之原因，則一為政府之堅忍有力，二為平時軍事整頓之完備，三為軍事行動之敏捷，卒能舉不欲戰之國民而使之能戰。

案本節文義甚明，所當注意者為一「民」字及一「令」字。民者根上文國家而言，乃全體之國民非一部之兵卒也。令者有強制之意，政府之本領價值，全在乎此。案正式之文義，例亦不勝列舉，茲特舉普法戰役之例，以見國民雖有欲戰之志，而政府懦弱不足以用之，卒至太阿倒持，以成覆敗之役。特舉普奧戰役之例，以見民雖不欲戰，而政府有道，猶足以令之，以挽危局為安全。可見「可與之死，可與之生」，兩句決非尋常之疊句文字。與民死，固難（普奧之役之普國）；與民生，亦不易也（普法時之法國）。

天者，陰陽、寒暑、時制也。地者，遠近、廣狹、死生也。

案觀下文「天地孰得」之語意，則知此所指，乃天時地利之關於國防事業者，曰陰陽，曰寒暑，曰遠近，曰廣狹；皆確實之事實，後人乃有以孤虛旺相等說解天字，而兵學遂入於神祕一門。神祕之說興，而兵學晦矣，（另有說）而不知孫子當時固未嘗有此說也。

「時制」云者，時，謂可以用兵之時，制，限也，謂用兵有所限制也。如古之冬夏不興師之謂。日俄之役必擇正二月中開戰，預期冬季以前可以求決戰等類是。

將者，智、信、仁、勇、嚴也。

格魯塞維止《大戰學理》論軍事上之天才文，摘譯如下：

細論（甲）勇

戰爭者，危險事也，故軍人第一所要之性質為勇。

勇有二：一為對於危險之勇，一為對於責任之勇。責任者，或指對於人而言，或指對於己之良心而言，茲先論第一種對於危險之勇。

此勇又有二：有永久之勇，有一時之勇。永久之勇，為不懼危險，此則或出於賦禀，或成於習慣，或由自輕其生命而生，要之皆屬於恆態，永久的也。

一時之勇，由積極之動因而生，若名譽心、愛國心，及其他種種之感奮而出者是也。此種之勇，要不外乎精神之運動，屬於情之區域，為非恆態。

二者效果之異，可無疑矣。恆態之勇，以堅固勝，所謂習慣成自然，無論何時，不離其人者也；感情之勇，以猛烈勝，而不拘以時。前者生節操，後者生英氣。故勇之完全者，不可不併有此二者。

（乙）局面眼（慧眼）果斷

戰爭與勞動困苦相連，軍人慾忍而不疲者，則其身心不可不具有一種堪能之力。人苟具此力，而不失其常識，則已適於戰爭之用。吾儕嘗見半開化之國民中，頗有適於戰爭者，不外具此力也。

若進一步而為完全之要求，則軍人不可不有智力。

戰爭者，推測之境界也，凡事物為軍事動作之基礎者，其四分之三常不確實。譬在雲霧中，或濃或淡，唯有智力者能判斷之。於此中而求其真，尋常之人，或亦偶得其真，又有以其非常之勇，而補其智之所不及者，偶然而已。若綜合全體而論，其平均之成績，則不智者終不能掩其所缺。戰爭者，不虞之境界也。人生事業中最易與意外之危險相觸者，莫如戰爭，主將於此不能不為之稍留餘地；而諸狀況不確之程度愈增，事業之進步亦愈困難。

情況之不明，預料之不確實，與意外之事變，常使主將生「所遇者恆與所期不相侔」

之感。而影響即及於各種計劃，其或竟與前計直棄之，而易以新，而一轉瞬間，新計劃之根據又不見完全。蓋戰狀云者非一時盡現，日有所聞，日有所異，而此心常皇皇於所聞所異之中。

當此而能鎮定者不可不具二種性質：一曰智，智者如行路於黑暗之中，常能保有一點之光明，而知本線之在何方者也；一曰勇，勇者使人能藉此微弱之光明，而邁往前進者也。彼法人之所謂局面眼（慧眼）（Coup d'oeil）者，此則謂之果斷；果斷云者，勇其父而智其母。

此法語之所由生，蓋謂戰爭以戰鬥為主。而戰鬥則以時間及空間之兩要素為體。當時騎兵之使用，及其急遽之決戰，凡一切皆以迅速及適當之決斷為成功之要訣。而形容此時間空間之目測力，謂之為慧眼。兵學者迄今以此古義釋慧眼者不少，蓋凡動作迫切之時而能下適當之決斷者，無非由此慧眼而生。例如發見適當之一攻擊點等，則尤可見慧眼云者，非僅謂形體上之目，實兼指心目而言者也。

由慧眼乃生果斷，果斷云者，則所謂責任之勇也。又得云精神之勇，法語名之曰心勇，以其由智所生故也。然此勇之生，雖由於智，而其動則不由於智，而由於情。蓋智者不必有勇，且多智之人，往往有臨難而失其決斷力者，吾儕所嘗見也。故智尚矣，尤賴於情之勇。大抵人當危急之秋，與其謂為智所左右，毋寧謂為情所左右也。

臨事之苦於疑慮，尤恐其陷於猶豫也，則果斷要矣。世俗常以冒險大膽暴虎馮河之勇為果斷，然吾儕則以為若不具完全之理由，絕不許以果斷之稱。完全之理由，則由智力而得者也。

果斷生於智，而成於勇，固矣。然觀察之智、感情之勇，僅曰兼也，實猶未足；所貴者，則二者之調和力也。世有人，其心目頗能解釋困難問題，而平生當事，亦未嘗無勇；顧有一臨應行果斷之機會，而忽失其能力者，則智力不融洽，故不能互動而生第三者之果斷也。彼無智者，即遇艱難，未嘗思想，即無憂慮，幸而成功，則例外也。

是故吾輩論果斷者由智力之特殊方向而生，與其名之曰英邁，毋寧謂為強硬之腦髓，下之事實則足以證之。即在下級官時，頗能決斷一切，一旦晉級稍高，即失其固有之能力者。蓋此種人明知不能果斷之害，而目下所遇諸事務，又非從前所習慣，而固有之智力，遂失其作用也。此其果敢之動作，習之愈久，猶豫之危險愈大，見之愈明，而決斷力之萎縮乃愈甚。

常住心（恆）

性質之鄰於果斷者為常住心，當不意之事變能得正當解決（此屬於智），而急危之際能保守其固有之宗旨者也（此屬於情），固不必屬於非凡之列。蓋同一事也，出諸深思熟慮之餘，則為平淡無奇，而當急遽之際，乃仍不失其深思熟慮之態度，則常住心之所以可貴也。此種性質，或屬於智之活動，或屬於情之平衡，則視際會之何如以為定。顧智與情，二者苟缺其一，則失其常住心。

（丙）不拔堅固忍耐感情及性格之強健

戰爭者，由四原質所成之蒙氣圍繞之，曰危險，曰形體之勞苦，曰不確實，曰不意是也。入此蒙氣中而能兼確實之動作與完全之成就者，不能不有賴於智力互動之力，戰史所稱述之不拔、堅固、忍耐等，要不外由此力之變化而出。簡言之，則諸英雄此種性質之表現，不過自唯一之「志意力」而出。顧其現象，則相似而不相同。試分析如左：

欲使讀者之想像易於明瞭，不可不先提起一問，曰：凡重量負擔抵抗等之加於主將之心上，而足以挑起其心力者，何耶？答之者必曰：此種重量未必即為敵人之行為也，蓋敵人之行動，直接及於兵卒而已，與指揮官不相觸；例如敵若延長其抵抗之時間，由二時至四時，則指揮官唯使其部下加二時間之形體危險而已；此種數量則地位愈高，價值亦愈減，在將帥之地位言則戰鬥延長二時間之差，又何足論；唯敵之抵抗，次第影響於主將所有之諸材料（合人員材料而言），抵抗愈久，消耗愈多，則間接及於指揮官之責任問題，則是主將所痛心，而意志之力因之觸發者也。

然指揮官負擔之最重且大者猶不在此。當軍隊猶有勇氣，猶有好戰之心，則動作輕快，其勞指揮官意志之力者蓋少。戰況一及於困難，則如平常隨意運轉之機關，忽生一種抗力，非敵人之抵抗，而我兵之抵抗也，非必其抗命抗辯也。（當是時抗命抗辯亦時時有之，茲所云者指概況言。）

流血既多，軍隊之體魄道德諸力均為之沮喪，憂苦之情起於行列之間，而此情遂影響及於指揮官之心。主將於此僅持我心之不動未可也，尤貴逆眾庶之心而支之。眾庶之心力，既不能自支，則其意志乃悉墜於將帥一人之上。眾庶之希望冷矣，則由主帥胸中如燃之火而使之再溫；眾庶之未來覩暗黑矣，則由將帥胸中皎潔之光而使之再明：夫如是，始足以成功。非然者，將帥將自失其心力，而眾庶將引將帥而墮於自卑之域。世有因危險而忘恥辱者，此其由也。是為將帥不可不支援之最大抵抗，此種抵抗，人愈多則愈長，地位愈高則愈重。

凡臨戰所以激人之感情者甚多，其能最久而有力者，莫如名譽心。德人於此語附以好名之鄙義，蓋謂濫用之，易生不正之動作者也。然溯此心發動之原，實屬於人性中最高尚之域，而為戰爭中發生動力之樞紐。彼愛國、復讎諸感奮，或則高尚，或能普遍，或能深入，然不能驅名譽心而代之。蓋愛國心等為全軍所共有，非不高尚也，而主將於此則無由自別於群眾，而不足生其較部下為更大之企圖。名譽則按其等以差，而各種機會，各種動作，皆若為各人所私有，無不思所以利用之。以名譽為產業，而各極其鞭策競爭之致，則成功之由也。古來有大將帥而無名譽心者乎，未之見也。

堅固者，於各事之衝突上所生意志之抵抗之謂。忍耐者，則意志抵抗之自時間上言者。二者甚相近，而其本則相異，蓋堅固僅由於情之強，而欲其持久不變，則不能不藉於智之徹，蓋行為之繼續愈長，則對於行為之計劃亦愈密，而忍耐力則實生於智力之計劃者也。

（丁）感情之強健

欲進論感情及性格之強健，不可不先釋強健二字為何義。感情之強健云者，決非謂感情猛烈，或易於激動之謂。不論何種感動激刺，而其人常能隨智力為動作者，是為感情上強健。此性質果由智力而生乎？一疑問也。世有優於智力者，而忽為情所驅使，遂妄動妄作者，論者猶得曰智有大小廣狹，而此必其小而狹者也，顧吾人則以下說為近於真。

當情之熾，而能隨智為轉移，吾儕名斯人以為有自制之能，此自制力則生於情者也。偉人當情至於激，則別生一種情以平衡之，而亦無害於前者之激情，得其平而後智力之作用現。顧此特別之情又何自生乎，曰生於自尊心，蓋彼終身不忘為萬物之靈也，故其動作不背於有智慮者之原則。吾儕以激情雖至極致，而猶能不失其平衡者，謂為感情之強健。

感情上之人物，大別為四類：第一種，為無情之人物；第二種，則情易動而常不踰矩，人所謂多情而靜穩之人物；第三種，則其情易於刺激，一時雖猛烈，而消滅則甚易；第四種，則其情甚不易動，而其動也不急遽，必以時，顧一旦既動，則且強且久，既深且激。此四種之差別與體魄上亦大有關係，吾儕不欲以薄弱之哲學，為高深之研究，但舉此四類人而論斷其於軍事上之關係，兼以釋明此感情上強健之義。

無感情者，容易不失其平衡，然不能謂感情強健，蓋此種人全無發動力者也。其於軍事上有偏頗之器能，用之得其宜，亦足以奏多少之功，顧不能得積極之效果，然亦不至於僨事。

第二種之人物，頗足以經營小事，而臨大事則易為所抑壓；例如見一人之橫禍，則能披髮纓冠以往而視，及國運之將亡、民生之病苦，則亦徒自悲痛而不能自奮。此種人之於軍事，其動作頗能和平，而不能建大功，其或智力出眾，未始不可建特殊之事業，然而鮮矣。

情之易激而烈者，既不適於世矣，彼其長在於發動之強，而其短則在經過之速。此種人物若加以名譽心，則頗適於下級軍官之用，蓋其職務之動作，以短時間而告終也。鼓一時之勇以為大膽之攻擊者，數分間事耳，反之一會戰為一日數日之事，一戰役為一年二年之事業也，則與此種人實不相宜。感情速而易變，一失平衡，即成喪氣，是用兵者所最忌也。然必謂易於激動之人必不能保其感情之平衡，是又不然。蓋易激之人，思想頗高，而自尊之情，亦即由之以生，故其事之及於誤也，則常慚愧不能措，故若裕以學問，加以涵養，閱歷漸深，亦能及於感情強健之域。

大凡軍事上之困難，猶若大容積物之壓迫然，旋而轉之，非大有力者不可，具有此力者，則唯此第四種具深潛激情之人。此情之動猶若巨物之前進，其速度甚小，其效果則甚大。顧以此種人為必能成功，則亦屬誤解。未開明國之英雄，一旦因自制力之缺乏而挫折者，屢屢見也，是亦由其智力之不足，而易為情所驅使者也，然顧開明國中亦未始無之。

我儕於此不憚反覆重言以申明之：所謂感情上強健者，非其情感發動之強之謂；當強情之發能不失其平衡，而動作猶為智力所支配，譬若大舟涉風，顛倒輾轉，而羅盤之針尖，常能不失其方向，是為感情之強健。

性格上之強健

性格之強健云者，即人能確守其所信之謂。所謂信者，固不問其說之出於人，或出於己也。意見之變易，不必由於外來之事物，即一己智力之因果作用，亦足以生影響，故人若屢變其意見，則不能謂之為有性格之人。性格云者，確守所信，而能持久者也。如持久力或由於聰明之極或出於感覺大鈍，其在軍事，則印象及於感情者強，而所見所聞之變幻不可測，乃至於懷疑之，甚且舉其已定之徑路而逸出者，決非與世間常事所能同日語。

戰時而欲決行一事，其根據大都屬於臆測，絕不明瞭。故各人意見之不同，亦以戰事為最。而各印象之潮流，乃時刻迫其所信而覆之。此則雖毫無感覺之人，亦不能不有所觸動，蓋印象過激而強，則其勢必將訴諸感情也。

故非見之極深，知之極明，則不能確守其固有之原則。以指導一切，唯原則與事實，其間常有一種間隙，彌縫於其間者，則不僅恃推測因果之智，且有賴於個人之自信力。故吾人當動作之始，不可不先有萬變不離之信條，苟能確守信條，不為物動，則行為自能一貫，此則所謂性格之強健也。

感情能常得其平衡，則大有助於性格，故感情之強健者，其性格亦多然。

吾儕於此，又不能不舉類似此性之執拗（愎）一言之。

執拗云者，人之所見愈於己而拒絕之之謂。既有能力足以自成一見解，則其智力必有可觀者在，故執拗者非智之失而情之失也。蓋以意志為不可屈，受他人之諫而不快者，要皆由於一種我見；我見云者，所謂「予無樂乎為君，唯其言而莫予違也」。世有顧影而自喜者，其性質實與執拗類，其不同者，彼則在外觀而此則在事實也。

故吾人以為感情不快之故，而拒絕他人之意見者，是為執拗，是絕不能謂為性格之強健。執拗之人往往以智力不足，而不能具強健之性格者。

案格氏此說，其論果斷為智勇互動之結果，及名譽為堅忍之原動等，精矣詳矣。顧僅足解原文之半，何者？蓋格氏之說，專為臨戰而言，而孫子之五字，合平戰兩時而兼言之也。曰信，曰仁，曰嚴，蓋實為平時所以得軍心之原則；在近日之軍制度修明，教育精密，則有賴於主將之德者較少，三者之用不同，而其極則為眾人用命而已，此則軍紀之本也。

法者，曲制、官道、主用也。

案，曲制者，部曲之制；官道者，任官之道；主用者，主將之作用也。以今日之新名詞解之，則軍制之大綱也，主用者最高軍事機關之裝置，若參謀部之獨立，君主之為大元帥，皆直接關於主將能力，威嚴信任之作用者也。官道者所謂官長之人事，也凡進級補官等事屬焉。「道」之字義形容尤極其妙，道者狹而且修，今觀各國軍人之分位令何其似也。曲制者則軍隊之編制也。觀下文法令執行之意，則知法者含有軍紀之意。國軍之強弱以軍紀為本，而人事整頓、部隊之制度、主將之權威，實為軍紀之基礎，而建軍之原則盡於此矣。

參照後文「凡用眾如用寡者分數是也」義，分數云者，即編制之義，所謂曲制者是也。

此節杜氏注謂「主者，管庫廝養職守，主張其事也；用者，車馬器械，三軍須用之物也」，則似舉編制、經理兼言。就本節論，文義較完，唯就上下語氣考之，則此節似專指編制言，故以主用為主將之作用。

凡此五者，將莫不聞，知之者勝，不知者不勝。

此為第二段之終，所述者僅建軍之原則，而即斷之日勝，日不勝，可見勝不勝之根本問題，在此不在彼也。

第三段

故校之以計而索其情，日：主孰有道？將孰有能？天地孰得？法令孰行？兵眾孰強？士卒孰練？賞罰孰明？吾以此知勝負矣。

案此則言未戰以前，人主所當熟思而審處者也。死者不可以復生，亡者不可以復存，故孔子日「臨事而懼」（臨者，將戰未戰之際之謂）。此節連用七「孰」字，正以形容此懼也。

強弱無定衡，故首重在比較。然有形之比較易，無形之比較難，此節所言則屬於無形者居多。今各強國之參謀部，集全國之俊材，所以勞心焦慮，不皇寧處者，則亦唯此數問題之比較而已。此種蓋有兩難：

第一為知之難。吾人於普通之行事，有誤會者矣，於極親之友朋，有隔閡者矣，況乎國家之事，況乎外國之事，而又涉於無形之精神者乎？必於其政教風俗、人情歷史，一一融會貫通之，而又能平其心氣，銳其眼光，僅僅能得之，而未必其果然也。當俾士麥為議院攻擊之時，孰敢謂普之民能與上同意也。當苦落伯脫金於俄土戰役之後（苦於俄土之役為參謀長，著有聲譽），孰敢以今日之批評語譏之？普法戰役之初期，毛奇乃與第一軍長相衝突。日俄戰役之終期，而兒玉（參謀長）乃與各軍長生意見。幸而戰勝，故說之者寡耳，非然者則豈本亦為勝敗原因之一，嘖嘖於人口哉！況「軍紀之張弛，教育之精粗，非躬與士卒同起居，則不能識其真價」（毛奇之言）。而精神諸力又容易為物質所誤，讀日俄戰爭前歐洲各報之評論，蓋可見也。故此節曰「索其情」，「索」者探索之意，言必用力探索始能得其情也。

第二為較之難。較之云者，言得其彼此之差也。無論何國，有其長，必有其短，其間程度之差，有甚微而其效甚大者。今以最淺顯者譬之，例如調查兩軍隊射擊之成績，而比較之。甲平均得百分之零三（即千發中中三的），乙得百分之零三五（即千發中中三的半），此固有種種關係不能定為孰優孰劣，然一戰役間，假定每兵彼此人數相等，則乙已可滅甲之半矣；氣弱者見敵之長，見己之短（二者常相因），則鄰於怯；氣強者見敵之短，見己之長，則鄰於驕。故同一時，同一國，而各人之眼光不同，所說亦互異。為主將者，據種種不同之報告，而以一人之神明判定之，且將綜合其全體（譬若主有道而將未必能），截長補短，銖兩悉稱，於以定和戰之局，立外交之方針，其非易易，蓋可見矣。昔普法未戰以前，法國駐普使館武官，嘗列陳普軍之強矣；拿破崙不之省，蓋數戰而驕，亦以法之地位自有史以來較普為強也。顧與其驕也，毋寧稍怯，蓋怯不過失其進取之機會而已，驕則必至於敗亡之禍也。

伯盧麥著《戰略論》第三章，論國家之武力曰：「當戰爭時，國家欲屈敵之志以從我，則用武力。武力云者，全國內可以使用於戰爭之各種力之總稱也」武力中之最貴重者，曰民力，即國民之體魄、道德、智識之力也。徵之於史，固有用外國兵以戰者，然背於近今戰爭之原則，蓋國民有防衛國利之榮譽義務者也。民力之大小，以其多寡及性質而定；民力者，各人之力之總積也。故隨數以俱增，為當然原則，然各人之力之差則甚大，故有其數大而其積小者。勇敢質樸之人民，比之懦弱萎靡者，其數雖小，而軍事上之能力反大也。

然道德、智識之力，實較體力為尤重，義務心、果斷克已、愛國精神等諸德性，其增加國民之武力者蓋偉，智識之程度亦然。故戰爭者，國民價值之秤也；上流者安於逸樂而失德，則其軍之指揮不靈，普通人民之文化不開，則其鋒芒鈍。

其次為物質之數據，十地之富力、農業之情狀、商工業之發達程度，及養馬牧畜，皆為其重要之分子。其能確實心算者唯蓄藏於自國，或自國之出產而已，故金錢亦重要之數據也。然近世軍隊雖比於昔為著大，而金錢問題則轉在其次，何者?蓋國家使用國民材料之權利較昔為大也，近今則國民之材料愈發達，故國家間接以受其利。

傭兵之費，較徵兵為大，夫人而知之矣。至有事之日，馬匹及材料等非由外國購入不可者，則其國之金錢問題愈占重要位置。更進論之，則財政之整理與否，亦為國家武力之重要原則。蓋財政苟整理，則能以國債集一時之現金，而取償於將來也。

此外則國土之位置及形勢及其交通線，亦為武力之一種。顧此種有對待之利害：

（甲）領域之廣袤及人口之多寡　地廣人稀者利於防，地密人稠者便於迅速及猛烈之動作；

（乙）國境之形狀及地勢　由此則國土之防禦或為難，或為易；

（丙）國內之交通線　交通便利，不僅能流通各種之材料及使用各種武力，迅速萃於一處，且可保持其武力而不疲。

以上地理及統計之關係於一國之武力上，在一定範圍內可以呈其各種功用，如英之海、俄之大漠、瑞士之山，或為援助，或為防禦，皆有功用可言也。

國家之原質有三：曰土地，曰人民，曰主權。凡武力之關於土地、人民者，述之如上，今且論國家之主權如何。

主權者，所以萃民力、地力以供戰用之主體也。其力之大小強弱，則視政體制度及施政之性質以異。資材愈廣大，則其關係愈著，欲舉土地、人民之全力以從事於戰爭，則須明察勇決，舉國一致。然唯元首則明良堅確，政府則和衷共濟，庶幾有成；若眾說紛擾，而元首無定見，則其力即弱。要之，建制適當之國家，則各機關於平時即能自奮其力以赴元首確定之意志，一旦臨戰，必能發揮其力，無遺憾也。

主權虛無者也，其表現者為賦兵法，即政府依何種條件、何種範圍，得以使用其國民之身體及財產以為國務用之規定者也。詳言之，則兵役之年限、現役之人數及久暫、人民備戰之程度、召集之先後、徵發之範圍等皆是也。

凡獨立國皆獨立制定其賦兵法，而以國民稟性、文化程度、國家存立條件及政事方針之種種不同，故遂至千差萬別。或則以其財產生命，一一供諸國家，以圖進取；或則圖目前之娛樂，而不肯以保障此娛樂，故耗其財力；或以國無外患，解武裝以從事於經濟事業：此則由人而異者也。其國境線甚長，外兵易侵入之國，欲保其安全，則又不可與島國、山國同日語；或界鄰強敵，或界鄰弱國，則其情又異，最後則戰爭技術上之要求，及經濟與財政上之利害，皆一國製定賦兵法時所當熟思而審處者也。

然彼此依義務兵役之制，驅百萬之軍而求勝，則有俟乎卓絕之編製法，及國民堅實之性質。其中最重者，尤在上中兩階級人民之卓見及勇氣；以瓦礫之材泥塗黏附，牆壁雖高，不可以經風雨也。

賦兵法則陸軍編制之基礎也，編制之本旨，即在合民力與物產以造成適於戰爭之具也。民力、物產，原料也，依賦兵法而精製之則成物。劍之銳也，一由於鋼質之良，一由於人工之巧，依賦兵法則編良材而鍛鍊之者，厥有賴於名工。故國家之武力，依賦兵法而出其材，依編製法而成為用。

又第四章言國家當將戰未戰之際，應行列為問題者五，其立說之精神，則頗足為參考。

至兩國之利益相反，而不能以和平解決，則兩政府之腦力，務明辨下記之五問，以為決心之基礎。

第一問：敵能舉若干之武力乎？

欲答此問，當先測定臨戰時敵國全體之武力，即我軍侵入敵境時，敵之內部抵抗力之大小，及敵軍侵入我境之難易是也。敵之武力或有不能用於他處者，則去除之。反之，無論出於故意，出於推測，其能受他國之援助者，則亦須加算入之。

第二問：敵將以如何氣力決心戰爭乎？

敵人志意之強弱剛柔，視爭點利益之重輕，及氣概之大小為衡。各國之氣概，則由人民之性質及政治之情形而大差。同一事也，於甲國不過為皮相之激昂，於乙國則或觸動其極度之決心。人民而敢為、堅忍、富於愛國心、能信賴其有力之政府，則其氣概又絕不可與萎靡之政府、柔弱之國民同日語。

決戰意志之強弱，大都視其動因之大小，即利益之重輕以為準。國家若以存亡之故而動戰爭，則其剛強不屈之態，絕不能與貪小利而動兵者相等；蓋前者必奮戰至於竭國之力而後止者，後者不過舉一部之力以從事，適有不幸，即能屈從敵志以圖免後患。

案日俄之役正其適例：日失朝鮮，三島為之震動；俄得滿洲，不過擴充一部分之邊界，與歐俄之存亡關係無與也。故戰役之後半期，俄人以內部擾攘之故，雖歐洲之援兵續至，寧棄南滿以和。

第三問：敵人於我之武力及氣力下何種觀察？

敵人於臨戰時亦必起前之二問，故此第三問之解答甚為緊要。政略機敏之國，則戰爭將起時，即於國際間監察其舉動。敵若下算我的武力及氣力，則其最初所舉之力必不大；顧敵若一覺其誤，則或即屈從我志或即倍張其力。二者何擇，亦宜預算及之。

第四問：敵當交戰時，果用幾許之材料？

此問之義甚廣，即敵人武力、氣力之性質、大小，其銳氣，其忍耐力，軍事上之目的，及最初所舉兵力之外，將來更能舉若干之武力種種等皆在焉。

第五問：我若欲屈敵之志以從我，或竟使敵斷絕其希望，果須若干之軍資乎？我果具有此數乎？具有此數而我目的之價值，果與此應行消耗之軍資相稱乎？

此五問皆相聯絡，故總括揭之於此。唯討論第一問時，則我軍軍事之目的首當注意，此目的則由於政略上之關係及敵之處置以生。

依正理論則外交之方針，策略之布置，皆當由此五問題而生。顧事實上則和戰之局，未必悉決於正當之研究，而兩國當未戰之先，未必能舉上文五問，一一為數學的解決也；蓋彼此苟皆出於深思熟慮，則中間必有一身知奮勵之無功，戰爭之不可以意氣為，甘心其少少損失，而不敢賭存亡於一旦，此則近五十年之諸強國之所以未見戰事也。

測算敵之軍資而求其正確，其為事已不易易，至欲公平秤量彼我之力，則尤屬困難。蓋元質之編入軍資者其數極大，其類又雜，而戰時不意之事變，亦影響於軍資者至偉，測算者主觀之謬誤，猶在所勿論也。

洞見敵人政略之企圖，而測定其外交上強硬之程度，亦不易易。兩國宣戰之言，一具文耳；世固有利用僅小之原因，而啟存亡之大決戰者，又或一戰之後，勝者乘其餘威，擴張其本來之目的者。

要之，以上五問，無論如何明察，絕不能得數學之確解。其至善者，亦不過近似已耳。故賢明之政府，則於此五問之外，更生一問，曰：萬一敵之力較預測為大，我之力較預測為小時，其危險之程度當在何等？故對於彼此同等抑或較強之國，尤不可不審慎出之。文明國之戰爭，其起也甚難，而其動也甚猛。不動則已，動則必傾全國之力，而財力、國力不許其持久，故動作尤必速而且烈。

案伯盧麥之所謂主權云云者，即主將法令賞罰之謂，所謂民力云云者，即兵眾士卒之謂，所謂有形諸物質云云者，即天地之謂。

總括智信仁勇嚴五項而斷之，曰能。其說亦見之近今學說。能者，了事之謂也。德國武人之習諺曰「不知者不能」，又曰「由知而能，尚須一級」。

天地者，彼此共有之物，而利害有相反者，故曰得。（參觀上文）

兵眾者，指全體國民而言；士卒者，指官長及下級幹部言。兵眾之良否，屬天然者居多，故曰強；官長之教育屬人為者居多，故曰練。練者，含有用力之意。法令指軍事上之政令言，賞罰指全體之政令言。

將聽吾計，用之必勝，留之；將不聽我計，用之必敗，去之。

案此所謂「計」，即上文七種之計算也。古注陳張之說為是，以將為裨將者非也。

第四段

此節說交戰之方法，其主旨在「出其不意，攻其無備」一句。然於本末重輕先後之故，言之甚明，讀者所當注意也。

計利以聽，乃為之勢，以佐其外。勢者，因利而制權也。

上文之計，乃國防策略之大綱；此所謂綱，乃下文交戰之方法，即戰術之總訣也。此節所當注意者，在數虛字：一曰乃，再曰佐。「乃」者，然後之意；「佐」者，輔佐云耳，非主體也。拿破崙所謂苟策略不善，雖得勝利，不足以達目的也。計者，由我而定，百世不變之原則也；勢者，視敵而動，隨時隨地至變而不定者也。故下文曰詭道，曰不可先傳，其於本末重輕之際，揆之至深。未戰時之計，本也；交戰時之方法，末也。本重而末輕，本先而末後，故曰乃，曰佐。

兵者，詭道也。故能而示之不能，用而示之不用，近而示之遠，遠而示之近。利而誘之，亂而取之，實而備之，強而避之，怒而撓之，卑而驕之，佚而勞之，親而離之。出其不意，攻其無備。此兵家之勝，不可先傳也。

「出其不意，攻其無備」，為交戰方法之主旨。「能而示之不能」，以下十二句，專指方法言。蓋欲實行「出其不意，攻其無備」之原則，必應用以上十二種方法，始有濟也。兵家之勝云者，猶言此尋常用兵家之所謂勝云耳，非吾之所謂勝也，故曰不可先傳。先者，對於「計」字言，承上文「乃」字、「佐」字之意，所以呼起下文（夫未戰）之「未」字，言真正勝負之故，在未戰之先之計算，不可以交戰之方法為勝敗之原，而又轉以計算置於後也。此篇定名曰「計」，若將全篇一氣通讀，則自「計利以聽」以下，迄「不可先傳也」一段為本篇之旁文，更將第二段、第三段之斷語，（知之者勝，不知者不勝。吾以此見勝負矣）與此段斷語一比較，其義更顯。

篇中開宗明義，即曰「兵者國之大事」，而此則曰「兵者詭道也」，然則國之大事而可以詭道行之乎？蓋此節入他人口氣（大約竟係引用古說），即轉述兵家者言而斷之曰「不可先傳也」。不可先傳，猶言不可以此為當務之急也。以不可先傳作祕密解，遂視詭道為兵法取勝之要訣，而後世又以陰謀詭詐之故為兵事，非儒者所應道，不知孫子開宗明義即以道為言，而天地將法等皆庸言庸行，深合聖人治兵之旨，曷嘗有陰謀權變之說哉。

第五段

夫未戰而廟算勝者，得算多也；未戰而廟算不勝者，得算少也。多算勝，少算不勝，而況於無算乎？吾以此觀之，勝負見矣。

此段總結全篇，「計」字之義以一「未」字點睛之筆。計者，計算於廟堂之上，而必在未戰之先；所謂事之成敗，在未著手以先，質言之則平時之準備有素者也。

「得算多少」之「多少」兩字，系形容詞，言上文七項比較之中，有幾項能占優勝也。多算少算之「多少」兩字，系助動詞，言計算精密者勝，計算不精密者不勝也。

「而況於無算乎」一句，與開篇死生存亡之句相呼應，一以戒妄，一以戒愚，正如暮鼓晨鐘，令人猛醒也。

第七篇　現代文化之由來與新人生觀之成立

第一講　古蹟與新跡

我這番出國考察，首先拜訪了歐洲的南國，而且是南國的南都——羅馬。我這次是重遊，舊的懷念與新的根觸，像三春的花雨繽紛，經過我的心目。這些偉大的古蹟不夠，還加上些偉大的新跡！如果我是英國人，或者五十年後的中國人，我一定點頭微笑地說：「倒也不壞！」但我這一回出來，身歷了創巨痛深的國難，看見一個國家十幾年內會整個從弱變強，哪得不感奮，哪得不起野心，哪得不為之讚歎。我把這種讚歎拉雜地講給我同遊的兩個女兒聽（一個年十七，一個年十三），她們信手地配了一些，如今整理為下面這幾講。

我們應該慶祝我們的幸運呵！第一步踏到歐羅巴，就踏到了世界上一個最舊（最富於歷史性）而又是最新（最富於時代性）的地方。唯其舊所以能維新，唯其新所以能保舊。從老根裡才會發出嫩芽，所以不可輕視老，有嫩芽才能榮養那老根，所以應該珍護新。你欣賞著芬芳的名花，卻莫忘臭腐的肥料。但你若堅稱肥料的奇臭，等於羅蘭的清香，這就不知鑑別，豈不笑死了人！

羅馬是一個文化之海，上下人類史，縱橫全地球，一切美術、哲學、宗教的巨流都彙集在這裡。同時它又是一座文化之山，一條條長江大川都從山嶺上流到人間，灌溉了阡陌，衣食了大眾，正如此西諺所謂一條條的路都引到羅馬去，同時也從羅馬通到了四面八方。我這處所說文化，與許多人的解釋有異，我特別注重它的發酵性。它能夠把它所接納的舊舊新新，起一番發酵的作用，從酸葡萄釀出美酒來。所以發酵性是文化的要素，沒有它，不能稱為文化，只算一種民族生活的形式習慣罷了。

閒話少說，我們且先「看看」羅馬。談到「看」字，卻非容易。我們花去數千元旅費跋涉來到羅馬，僱上一部汽車，到處東張西望，什麼彼得寺裡、鬥獸場裡、梵的岡（Vatican 羅馬教皇區）哩，莫名其妙的但見許多姹紅嫣紫的境界、粉白黛綠的光彩，如同煙雲之過眼。這樣不是看羅馬，是看羅馬城的電影化。偌大錢看一場電影，豈不是大笑話，也太對不起人了。所以我們不僅要看，還要研究，研究不夠，更須體會。怎樣叫做體會？就是吸收他人精神，振起自己志氣，消化他人的材料，變做我們自己的素質；換句話說，就是要像羅馬那樣起一種發酵作用。發酵以後再把製造品供給人家。小五

（我的第五女）不是有一張畫片，題名叫「歌德到義大利」的麼？你看歌德驚異讚歎，感觸奮發的那種模樣，你再讀讀他遊羅馬以後的寫作。你們將承認，要像歌德那樣，才不辜負羅馬此遊。說來說去，你們切勿做蝴蝶，你們必須學蜜蜂。

有一位法國將軍說得好，「有知識的人才配談經驗，肯研究的人才配談閱歷」。你們開口重經驗，閉口貴閱歷，那麼我胯下這頭非洲驢子，就可以帶兵打仗，因為它在非洲身臨前敵的時機比我多，很有些經驗和閱歷了——然而我們可不願做驢子！

你們不要向我問：怎樣才能體會呢？試舉現成的事物做一個例子。你們不記得第一腳踏進羅馬，就有一個小圓城在望，這城下蜿蜒流過一條河叫做臺伯河（Tiber River），羅馬城就是沿著它的邊岸建立起來和發達起來的。我們若研究臺伯河的歷史，就注意到，一次，有一個外國國王利用了羅馬人放逐在外的君主，率領了大軍浩浩蕩蕩殺奔羅馬，竟到了木橋的彼岸。他們一過這橋，羅馬就完了。當時羅馬人中間出來一位英雄，領著兩個同伴，攔住在橋頭，卻教後面的人民斧伐橋樑。差不多搖搖欲斷的時候，他叫同伴們先回去，自己還站在橋頭隻身抗敵。後來聽見一聲響亮，同時兩岸萬千個驚駭的呼聲：「橋斷了！」他便向河中心一跳，許多箭頭望他射來，他卻平安地游到了羅馬這邊。他的同胞們紀念他保全鄉邦的大功，在橋邊塑了他巍巍的石像，後世永不忘記他的芳名霍拉都（Horatino）。像這一類犧牲小我以為大群的英雄，正是羅馬的特產品。古昔羅馬所以能逐步展開，成為空前絕後廣大久遠的歐亞大帝國，就係於這一種崇高的英雄主義。

一提起歷史，我又要你們去體會羅馬歷史上又一基本元素。且說上海人有句俗話叫「硬碰硬」，你們不要發笑，這話倒是表示一種誠實真摯的意思，不折不扣，不討虛頭。而羅馬精神也正就是「硬碰硬」的精神。原來當初羅馬也和世界各民族一樣，有一部分專事對外發展（戰鬥生活）的人叫做武士，後來形成了貴族，另一部分專事對內發展（經濟生活）的人叫做平民。當外敵侵擾的時候，這些貴族都能盡他們的天責，身先士卒，視死如歸，而且勝利（他們是十戰九勝的）以後，所得的土地與財富，平民也能分享，因此平民願意尊重貴族的權威，而貴族之權浸大。後來其中的不肖分子，又利用特權欺壓平民，平民不願意，但苦沒有兵力，怎樣呢？他們表示了不合作的精神，一致離開了羅馬，然而貴族生活上也離不開平民，所以結果雙方講和。貴族硬，平民亦硬，這一碰，碰出世界歷史之光輝的羅馬法來了。須知法是兩種實力的互動方式，不是一種勢力的統制條件，所以西洋這個「法」字涵有公平的意義。因為公平，所以能夠合作，不僅與同種人合作，且能與異種人合作，這一合就合成了一個歐亞大帝國。亞歷山大、成吉思汗、拿破崙都是專靠征服來成立一大帝國，結果不能長久，轉眼成空。羅馬人一半靠英雄的征服（英雄不只一個，竟是成了傳統），一半靠法律的公平（法律不限己族，可以施之他族），所以他的大帝國獨能長久，輝映兩洲。近世紀的英吉利能夠「國旗終日見太陽」，也就是抄了這一篇老文章。

貴族與平民一碰，碰出一部羅馬法；勞動與資本一碰，碰成一個法西斯。羅馬法通行，成為過去歐洲各法的鼻祖、西洋文明的要素。至於法西斯能否成為未來世界經濟的中心，我們不必預言，我們只須注意於這個事實，即法西斯並非憑空的創造，並不如其詆毀者所謂，只是突現的彗星，可以指日望其殂落；恰巧相反，法西斯的成功是像一位英國記者所說（現在英國人最愛說義大利的壞話，所以我偏選取英國人的觀察）基於兩種理由：（1）法西斯運動善用了羅馬人傳統精神的潛力；（2）墨索里尼的人格發揮了古羅馬的英雄主義。

何謂羅馬人的傳統精神，就是公平合作——羅馬法的精神。因為站在公平合作的立場上，所以在昔能有貴族與平民的聯合戰線，造成了偉大的帝國，而在今能有資本與勞動的聯合戰線，復興了義大利的榮光，而且前途未可限量。再說，法西斯所以能夠叫資本家願意減少利潤，換取產業平和（禁止同盟罷工），又能夠叫勞動家放棄罷工運動，換取生活改善，這都因為羅馬人的傳統精神在發生作用。

古羅馬的英雄主義，前面已經說過，就是合己為群，而墨索里尼則是發揮這種主義而且更進一步的英雄。他擔負的犧牲，不是殺身成仁的那種，而是艱苦卓絕的奮鬥、鞠躬盡瘁的服務，要知道長久的服務群眾，比較一時的慷慨殺身，更為艱難，也是更進一步。

我以為古今羅馬，所以英雄輩出，蔚然極盛，原因在於民族的心理上。全民族期望英雄，崇拜英雄，而且，更重要的，他們懂得怎樣誘導英雄，成全英雄。試舉一端，西洋人崇拜活英雄，中國人卻崇拜死英雄。

中國人心嚮往之的是理想的、文學的、悲劇的英雄；西洋人傾心相許的是現實的、政治的、成功的英雄。凱薩死了，又擁出了個屋大維 Octavins Augustus（帝政之始祖），拿破崙一世死了，又造出一個三世，但拿破崙三世沒有英雄的素質，結果虛負了多少人的期望。

說古道今，講了一大套，在結束以前，還有些意見要表示。我們必須注意，無論羅馬法也好，法西斯也好，它們的共同出發點，總是「法」者乃行動的結果，並非思想的成績。所以英國憲法乃許多行動的常規，而不是思想的紀錄。你們假如高興做女律師，研究起憲法來，一股勁到倫敦去買本《大憲章》之類，包你走遍書坊都成空。羅馬法亦然，他本沒有見於文字，而是羅馬征服希臘以後，希臘學者把它寫出來的。法西斯之成為主義，也是法西斯成功以後，世人叫出名的。墨索里尼自己說，我最初只有反共產行動，但逐步的行動，能漸漸向著理想走，現在就成為「有哲學背景的一種經濟制度了」！（這也是英國記者的話）孔夫子作《春秋》，說道：「我欲託之空言，不如載之行事之深切著明也。」所以孔夫子「不著書」，不談主義，結果卻打倒了春秋戰國時代的一切思想家，這哪裡是後世的孔徒所瞭解的。

第二講　美術與宗教

本講從希臘之愛（善樂其生的美術）與耶穌之愛（善用其死的宗教），說到羅馬之大（美術、宗教、與政治的集合體）。

歐洲文字中有一個最簡單而又最複雜的字，這字我們姑照普通的說法譯做「愛」。從淫穢的下流直到神聖的天國，從普通的酬應（你愛羅馬麼？你愛吃義大利菜麼？）直到人生的大故（為愛情人而結婚，為愛國家而戰死，為愛人類而犧牲）都包括在這個字裡。它的微妙，甚於原子、電子；它的動力，可以排山倒海；它的偉大，可以瀰漫宇宙。我想用中國文字來扼要地說出它的來去之跡，終始之象，只有一半掉古文，一半造新句，叫做愛也者，「天地之大德曰生，人生之大事曰死」。

愛是天地之大德。（歌德《浮士德》最後揭出「永久的女性」一語，就是這意義）德者虛位，表現在實際行動上就是生，所以愛之根苗就種在生之最初，可稱為世界成立之原動力，也就是孟子所謂「赤子之心」。現代嬰孩心理學與生物學上得到的種種科學的見解，對於啼饑號寒等本能動作，都從一種意義上來說明，便是生命之延長、種族之綿賡。生活力在發展過程中，必然遇到環境的阻礙力，於是而有奮鬥、啼饑號寒以求生，這是奮鬥的序幕。而犧牲一切以至於死，卻是奮鬥的最高峰，犧牲到極點至於生命也不要，接受人生最後和最大的大事——死，於是愛就功德完滿了。（愛量之大小，是不可測度的，而犧牲精神，卻正是愛量之寒暑表。）

希臘之愛就代表愛之初，它充滿了生命的喜悅、生命的享受。它有自由解放的人格，把握著快樂的現在。它的美的藝術品，白石的塑像，從形式與姿態上充分表現了它的文化——男女的文化——中間的歡情。然而我們離開它的外表，而注意它的內心時，就發現他潛在意識中有一個魔鬼；這魔鬼姓「未」名「來」，道號「不可知」，別字「運命」。希臘人覺得自然太威嚴，人太渺小，人會一下子給命運顛倒，不管你賢愚美醜，給你一個大破壞、大滅裂，至於將來是怎樣、死後歸何處，卻又茫然不可知。雅典更有流行的黑死病，那個魔鬼是常在潛意識裡作怪的。他們不得已就皈依於古代的迷信，所以他們雖然活潑，終脫不掉原始人的那種困惱——對於未來的困惱，而他們的文化縱稱卓越，仍未擺脫原始的色彩。

其實希臘人所以這樣困惱，原因還在他們的無知。希臘文學最發達的是悲劇，而且都是運命的悲劇。讀了索福克理斯的《俄狄浦斯》一劇，誰不為之慘然？這位最聰明的英年國王，解答了女怪的謎語，但卻茫然於自身的運命。天大的罪惡就在這無知中妄作了出來。在這樣的環境裡，蘇格拉底來了，他以尋求真知做他自己的使命，他努力要造成一種愛真理、求真知的風氣。然而無知的希臘人，哪能一下子領悟真知之可貴，所以就把蘇格拉底毒殺了。

我們就要說到耶穌了。耶穌的精神不僅在希伯來思想中養成，即在希臘文明中，也有重大的預告。他的根本教義即存在希臘哲學裡面。學理上蘇格拉底就是一純粹的耶穌。但在希臘，則教義存在少數知識先覺分子的理智反省之中，無大眾的情感，無永生的渴慕，只能作為幾個人的確信，不成為大眾的宗教。有人說過一句過火的話：「希臘的大哲學家卻把希臘沉淪了。」因為有高尚特出的先覺，終使民眾傳統的迷信打破了，但舊的去了，新的不來。幾場內戰，一次天災，一口氣接不過來，怎麼了不得的哲學、美術，一死就是三千年，翻不過身來。希臘人倒楣，羅馬人交了時運。

到底耶穌的教義怎樣，蘇格拉底的哲學又怎樣？我雖不敢妄談，但淺薄地將我所見到的來說，就是：犧牲個人以為群眾，犧牲現在以為將來！蘇格拉底說：個人當在群眾之下，人身最高目的在實現道德的存在。耶穌說：人類有罪了，所以上帝派他的兒子來做犧牲。十字架放下來，耶穌復活了，永生了！

這樣看來，蘇格拉底是教人應當這樣做，耶穌卻教人樂願這樣做。蘇格拉底的毒藥杯，是智的正的權化，耶穌的十字架是情的愛的權化。耶穌的門徒直接繼續不斷的殉教，而造成中世紀宗教統一一切的局面；蘇格拉底的門徒一千五百年後從加里尼起一個一個的殉知，而造成現代的科學文明。

耶教用「上帝」之「愛」來代替了這「魔鬼」的「惡作劇」，所以一二世紀的教徒的內心是充滿了快樂與希望，沒有一些憂懼和遲疑。「有一個爸爸一樣的上帝，隨便什麼人，隨便什麼時候，都可以找著他。」這一針，針針鋒對著希臘運命劇裡表現出來的悲慘人生觀打進去，恰好針鋒相對。所以最初美術就與宗教諧和結合，他們倆不是敵人，竟是姊妹，相互間有無數細針密縷的交情，宛然一幅無縫的天衣，在古歷史上竟無明晰的過渡痕跡了。

希臘樂生的美術與耶穌用死的宗教，通常錯認為截然的兩撅（我從前著《文藝復興史》，此亦人云亦云），實則如前所說，二者都出於愛，前者是愛之初——天地之大德曰生——使人善樂其生，後者是愛之極——人生之大事曰死——使人善用其死。而且，很重要的，須知二者中間自有一個一貫之道，做著旋乾轉坤的工程，就是Peto（慈悲或謂悲憫）這個字，它在美術上的象徵，就是聖母抱屍圖。所以看羅馬的畫，可以分為三大類（1）耶穌降生（生），（2）聖母抱屍（死生之連），（3）耶穌受難（死）。

你們遊大墓道時不是留連忘返麼？這個大墓道的發現開拓，更證實了宗教與美術的一見鍾情。從前人似為初期宗教都反對美術，其實是因為反對偶像，所以不在造型美術（雕塑）方面努力，而轉注精神於壁畫、浮雕、用具等方面。按火葬是異宗的觀念，耶教以復活永生為前提，有「事死如事生」之意，所以墓道裝飾，視死者為生人，即將當時羅馬壁畫及工藝美術直接應用，使墓道中滿布了樂觀的空氣，用希臘人生享樂的活動材料來裝飾復活永生的恬靜生活。慘酷的十字架，墓道中竟尋不出來，有的是花、鳥、果子、天女、羊、魚，千年古墓裡保留著無限春光，生與死完全一致了，這豈非奇蹟？這奇蹟就是羅馬的成就，墓道之大（一天走不完）正是象徵著羅馬成就之大。

且說大，上海有個遊藝場名叫大世界，不管它實在內容如何，這個名詞可甚有意義。如果拿來譯羅馬的比武鬥獸場，所謂 Colosal，真是名副其實。現在我們從大世界出發，可要先來談談這個「大」。這個「大」，是從死羅馬骸骨中跳出來的一個活鬼，第一個嚇倒了德國詩聖歌德（第二個恐怕就是我）。他一到羅馬就感覺到他自身藝術的方向，應當向著「大」走，他說「美哉大乎」，「大」就是真的極致（這個「真」字在中國哲學用語上就是「誠者物之終始」的「誠」）。古代藝術之所以能大，因為他的思想與行為都是真的緣故，最容易看出來的莫如建築。譬如宮殿罷，不是小諸侯要耍闊，故意地宣傳的裝飾品，而是世界統治者實用的事務室。譬如水道罷，並不是花園裡做噴泉用，或庭子裡做池子用的，而是為國民大眾作飲料用的。其他如廟、戲園、馳道、浴場，都是這樣，精神如此，肉體也是如此，所以牆頭就是石壁，不是磚上塗石灰。總之，一切一切都是「真」的材料。（記得第一講的硬碰硬）

當歌德看見羅馬的大水渠從一個大谷中蜿蜒地奔到山上，他說：「咳，到底我見解不錯，我最恨的是一切矯揉造作，小刀細工，因為它沒有一點真的內在的存在，就是沒有生氣，就是不能『大』，不會『大』。」他自己告訴自己，在這裡人們應當充實了！

歌德看見了水渠發感慨，我卻遊了鬥獸場——大世界才感動，一個戲園子在幾分鐘內可以容八萬七千人進去。中世紀來把他當作礦山看（如同中國偷城磚一塊一塊地搬走），拆了它七八百年的臺，還是不倒，巍然存在。橢圓形的外面分作四層，而地底下偉大的布置可以使光線空氣一點不感困難。羅馬人要不是具有一種偉大精神，怎樣會遺留下如此偉大的成績。

歌德說大就是真，其實也不用請外國老師，中國的孟夫子就最會說明這個「大」，他滿口總是大人大人的（「不失其赤子之心」，「能格君心之非」，例太多了，恕不備舉）。他不僅讚美「大」（充實（真）而有光輝（美）之為大），而且能教人家做「大」。他說看見了一個小孩子望井裡跑，大家都會心裡一跳，看見一隻牛在受宰的時候發抖，大家也會眉頭一皺；這一跳，這一皺，就會皺成一個世界極樂大帝國（是心足以王矣）。這種奇蹟在乎「推」，在乎「擴而充之」，他還說得極其容易，如同火燒起來，如同瀑布沖出來一樣大起來了（若火之始燃，泉之始達）。這幾句話至少可以把世界文化運動的精神狀態形容出來。

這種偉大無疑就是羅馬文化的特色。按羅馬人最初不過是一個武勇的蠻族，當一世紀時候，憑他的公平占領了地中海一帶。希臘愛生的藝術，與希伯來用死的宗教，都不先不後輸入羅馬，於是法律、宗教、藝術三者互相融合結了一個胎，成為羅馬文化。後來北方、東方的蠻族雖屢次侵入，而這個酵母的力量，終究能克服它們，世界各國的生活基調全都陸續受了他的陶熔。白種人今日所以能夠稱雄世界，儼然天驕，其由來早在紀元之初。不錯，現代文化是有一個偉大的開始的。

在這種宗教、藝術、政治的匯流中，我們發現它與他種文化有特殊不同之點二：

一為世界性。古羅馬因為地理上的關係，所以主力的發展，在南而不在北。凱薩雖曾經營高盧（今之法蘭西），用兵撒克遜（今之英格蘭），但這些地方在當時都如同漠漠的塞外。一般的人民樂於南征，密邇的地中海就成為它的庭院。海是可以通世界的，至於陸地，則東西面向各方發展，而以築路為統御邊疆的唯一要領，所以各方馳道以羅馬為中心，像太陽的光線，輻形四射。君士坦丁既定教宗，復能躬率士卒建都於東方，彼其理想固以天下為家，而適與宗教的保羅精神相符合。保羅就是打破種族觀念，而以傳教於異族為事的。

二為平民性。政體固無論其為王政專制或為貴族共和，而「媚於庶人」的精神是始終不變的。鬥獸場一方面是表示羅馬人的殘忍野蠻，一方面可見英雄外徵，猶不忘設法取得國內群眾的歡心。西方人之喜歡活英雄者，或即由此。聖彼得寺固然窮奢極華，但其本意，實欲以外形的美麗莊嚴以肅穆群眾的身心。至於一鄉一市必有廣場，以為群眾集合之所，得一寶物必列之於群眾矚目之所。不像東方人的苑之必禁、藏之必祕，只供私人的娛樂而已。這種風氣，果遠在盧騷《民約論》以前千百年之久。

第三講　個人與群眾

美術、宗教、政治既然發生了三角戀愛，產生了一顆水晶的種子，使人類走上了文化的正軌。它們假使能夠把這平衡長久保持，那麼我們這些後生小子，如今就該生活在伊甸樂園中了。可是不然，宗教第一個就不安於室，定要唯我獨尊，支配一切，所以好好一個人家，又鬧出軒然大波了。

它宣傳犧牲個人以服務上帝，犧牲現世以追求天國，若能適可而止，豈不很好。然而耶穌教並不是這一種和平性的信仰，它不僅主張犧牲個人，而且個性也不許表現；不僅主張犧牲現在，而且心目中根本不容有什麼現實。這樣一來，就苦了人類了。

問題的關鍵是：個人應當犧牲，而個性不可以汩沒。現在應當犧牲，而現實不可以忽視。

一個皇帝被教皇破門，要三天三夜赤著腳在嚴冬零度以下立在路上，等候教皇赦罪，何況老百姓呢！好像中國的紹興婆婆在當媳婦的時代吃了婆婆的虧，一股怒氣都發洩在她的媳婦身上，我在童年時代曾聽過這樣的傳說。火燒，抽肚腸，把從前異教徒虐待宗門的辦法來組織了宗教裁判所。人類永遠的救主，變成了一代專制的魔王，這是怎麼一回事呢？

一個教士穿了老羊皮，蹬在山洞裡，每天晚上用皮鞭來盡力地自己抽自己。要步行經過瑞士，怕瑞士的風景太好了，引動他的凡心，同牽磨的騾子、拉車的馬一樣，帶上一副眼套。山水的風景且然，何況大理石裸體女人的曲線美。因為上帝愛人類，人們就應該愛上帝，若不愛，就糟踏人類，這又是怎麼一回事？

我說，這叫做文化中毒。第一講不是說文化就是「酵母」麼？這個酵母的根源是從極樂園中蛇指示夏娃吃的果子（知慧）而來的。所以有點酒精味兒，嘗一點兒很有滋味，吃多了會中毒，會發瘋，這個毒第一次由十字軍東征，第二次由東羅馬（君士坦丁）滅亡，漸漸地醒轉來了。

農民早作夜息，忘記不了一個「天」。可是十字軍東征時代各國的大兵都向耶路撒冷跑，後方的糧草接濟總得有幾處站做轉運的機關，因此就發生一個名詞曰「市」，同時買賣轉運的人就成了一個階級曰「商」。商人的收穫不是靠「天」，而是靠「人」，除非上帝能多造些人來買他們的貨物，他們是不會想到上帝的。這個「市」和「商」，就是近代國家的細胞。

土耳其占領了君士坦丁。——從前君士坦丁皇帝定耶教為國教，把羅馬送給教皇，自己帶了兵往東方開發，占領了歐亞交接的形勝要點，創造了這個大都會，現在被人家占去了——這城裡一大群知識階級（都是教士）只能向西方逃，於是把古代希臘的文藝圖書一律帶回羅馬，又引起了羅馬人當年掠取希臘文物的興致。

這兩種都是外來的誘因，還有一種內在的誘因，使義大利發生了文藝復興的火種，燒到法國就變了大革命，燒到英國就變了一個魔鬼瓦特，造了機器來吃人，燒到德國先是宗教改革，後是大軍國，最後又來了一個馬克思。原來這位又聰明又美麗的大姊（古典的哲學、美術）不肯替二姊（宗教）管家了，她要拿她的聰明美麗來麻醉世界，誰都管她不住。雖是穿老羊皮的教士蹬在山洞裡不願見人，雖是黑層層的教堂裡把書本藏起，把知識壟斷，不放一點出來直接給老百姓。但是他們吃的穿的總要群眾勞力的供給。上帝愛了人類，教士們事實上也不能不把群眾做對象，所以要讓人家來聽講、做禱告，就不能不有偉大教堂的建築，而且六七百年前歐洲人除了教士以外百分之九十九不識字。字不會識，畫卻會看。弗蘭西斯說：「人人都會看畫，所以教堂的大壁上就應當有壁畫。」這一句話風行了全義大利，美術就做了宗教唯一的宣傳品。

同中國人談美術，開宗明義就得聲說清楚，中國以「個人觀賞」為前提，所以唐瓷宋畫都是祕藏。西洋以「群眾教育」為前提，所以埃柱希雕，陳之大道，所以藝術家不是諸侯消閒的清客，而是群眾崇拜的英雄。如果我們在邦唯翁一轉，就看見復興祖國的名王元陵，卻在畫家拉斐爾永眠之地的旁邊，東方人如何會想得到呢！藝術家既然如此尊貴，所以他有自尊心，不願意自己降下來，湊群眾的口味。他要提挈群眾向藝術大道走，各人各有表現。這一個深入腠理的個性發展，就成為五百年來歷史變遷的原動力。

但是他們卻從哪裡去尋出這個「美」來呢？他們從古典裡學得一種方法，向「自然」中去尋。自然就是宇宙的現實，就是真。這個現實不僅包括山明水秀、橘綠橙黃的天然風景，而且加上了飲食、男女、慈悲、殘殺等種種人生事跡。

個性發展了，於是有所謂「自由」。現實被人們注意了，於是有所謂科學。西愛納、翡冷翠、威尼斯、米蘭各處地方教士們造教堂，商人們造市政府，彼此競爭，要大要美。羅馬是世界之都，教皇為萬工之王，自然要好好幹一下的。於是壯麗絕塵寰的彼得寺出現了，這就做了中世紀與近代的過渡點。

聖彼得寺為世界唯一的大教堂，可是這個「大」的性質不同了。羅馬古代建築的「大」，表示真，表示充實；彼得寺的「大」，表示容，表示調和。古代的皇宮，戲場的大，是山的大；彼得寺的大，是海的大。你想時間經過二百年，第一等藝術家經過六七位，他們各有各的獨到見解，絕不肯模仿人家。但是構造成功，都不見一些斧鑿痕跡。我們一進教堂門如果不先看旅行指導，竟會毫不覺得它的大。大而能使人不覺其為大，是為容德之至高者，不過望見祈禱臺下的人覺得他很小罷了。因為柱子的粗細、圖幅的廣闊、石像的高大和寺內容積的高廣，都有適當的此例，所以看去很自然，好像是應當這樣似的。

教會的錢雖是不少，但要和商人（各市）競爭卻有些困難。因為商人能周轉，一個錢在商人社會裡可以發生十個作用。教會收人民的稅，一個錢只能發生一個作用。教皇因為要爭氣造大教堂，財政就感覺困難，不得已出賣赦罪符。這赦罪符又同樂透一樣歸商人包辦，於是宗教的威嚴掃地，就發生了路德的宗教改革。

這中間最可注意的就是各地方言，漸漸地成了一種國語。原來中世紀之所以稱為黑暗時代，就是因為唸書的同做事的兩種人絕然分開的緣故；唸書的就是教士，做事的就是武士、商人、農民。當初教會成立就用了一種愚民政策，把一切知識壟斷起來，所以告訴人民說：「你們要不經過教會是永遠見不著上帝的。」路德卻說，人人可以直接上帝，用不著教會做中間人，所以他就用德國土語譯了一部《聖經》，在義大利就有但丁用意國土語做了一部《神曲》。而與此先後同時，印刷術發明瞭，因此做事的人多數會唸書了。所謂個性，就是因為得了這一種武器，才真正的發展起來。

武士打仗，不能不有刀槍；商人運貨，不能不有車馬船帆；農人種田，也要用農具。這種刀、車、船、鋤都是「物」，人們最初用眼睛來觀察自然，覺得他「美」、「真」。現在要用腦筋來利用並統御自然了，結果從人們一天不能相離的「水」與「火」的中間發明瞭蒸氣機。只有商人看見了機器最喜歡，也只有商人才能活用這部機器。因為商人貿遷有無，他的生命線是車和船，是交通工具，所以蒸氣機第一步就應用到鐵路輪船上去。但是造機器需要一筆大本錢，商人因為運輸之故，金錢的周轉能力比任何職業大，所以有能力建設工場。所以我說，要沒有十字軍時代的商人市政府，雖有幾百個笛卡兒、培根、瓦特、史蒂文森，還是沒有用。

於是貴族的威風盡了，教士的統治終了，輪到商人來做時代的驕子了。他有哥倫布、麥哲倫等等健將，蒸氣機、軋棉機等等武器，所以他開闢的帝國比了羅馬人或基督教的帝國更為廣大，「四海之內，莫非王土」。真是猗歟盛歟！商人一登寶座，就不管什麼犧牲個人和犧牲現在這一套，他只知道自我尊嚴、今世享樂，所以表現在政治上為「自由民主」，在經濟上為「政府不管」（Laissez-faire），在思想上為個人主義，在生活上為物質文明，名義上是平等胞與，實際上則一切權利都歸他享受。他有的是機器金錢，一般人誰也奈何他不得。

可憐的人類啊，剛從教會的大門裡一個個地冒著生命的危險逃出來，找著了自然，費了五百年功夫，自以為自由了，打倒教會，打倒皇帝，左輔右弼的，一位是德先生——德模克拉西即民主主義，一位是賽先生——賽恩斯即科學主義，高舉了現代文明的大旗，沉著地往前走，哪知道竟走到了一個鐵圍山底下，一觔斗翻了下去，這可不是宗教裁判所的鐵鏈了，可以拉得斷，也不是教會大門的鐵鎖了，可以扭得開，這個機器鬼竟是一座鐵山。於是有一位馬克思先生就在鐵圍山底下大叫大喊地叫救命，而且還想了許多法子叫人們逃出來。但是這位馬先生的潛在意識裡，已經被鋼鐵大王創巨痛深地打了一個耳光，所以許多法子中間出了一個大漏洞。前兩講裡不是說過的嗎？希臘是男女的文化，羅馬是飲食的文化，所以一個結晶品是藝術，一個結晶品是法律，一個是圓的曲線美，一個是方的均稱美。飲食是生命的維持，男女是生命的創造，馬先生被鋼鐵壓扁了，只知道方的，不知道圓的，所以有兩個問題（其實是一個）不能解決，一個是家，一個是國。現在德國人用種族鬥爭來代替階級鬥爭，就是「男女」代「飲食」，歷史教訓我們，種族鬥爭的程度比階級鬥爭還要猛烈些。

共產黨要是不在俄國成功，這個悲劇還不會實現，因為他可以聯絡國際工人做階級鬥爭的工作。但他現在卻占領了俄國，儼然成立了一個國家，這個階級鬥爭的理論就消融不了國家的對立，而且產生了新經濟政策、國防軍、五年計劃，成為變相的帝國主義。

墨索里尼卻瞭解這個方圓並用的道理。他把國家造成一個整個經濟單位，勞力是國家所有，物質本也是國家所有；一國之內可以分工而不能名之曰階級，更絕對不容許有鬥爭。他說：「這個國家，這個群眾，不僅是現代人的集合體，他從前有歷史悠長的祖宗，他此後有天壤無窮的子孫。所謂全體利益，不僅僅是現在一時的群眾全體，而是前後幾千百年群眾相接續的全體。」他把一個國家加上了時間的生命，而把個人認為全體中一個細胞。這個圈子又兜回到希臘哲學、耶穌教義，而象徵出來卻是一個無名英雄墓。他是犧牲了個人以為群眾的，他是犧牲了現在以為將來的，但是建設這個墓給群眾的教訓，卻比從前更充實些，這意義是鍛鍊個性，使能服務於群眾——群眾需要有個性的英雄，不是無力的奴隸。努力現在，以求開拓於將來——將來發展的，是確實的現在。法西斯的國家生命觀，何以能得群眾的同情呢?因為人類於飲食外（生命之維持），更有男女（生命的創造）。兩個人在路上拾到一塊金子，最初的感想就是二人均分，兩個人在交際場中遇到一個女子，結果必是一個獨占。國家之有獨立性，基於人類之有家庭，國家之有歷史性，基於人類之有父子。「國之本在家」這句話，從法西斯國家來看，實在是不錯的。墨索里尼卻能從人心的自然裡煽動它。

講了半天，真夠你們受的，如今我這話匣子要收起來了。細想我這幾講，真像美國人的遊歷，坐一部汽車，兜一個圈子，到處投一張電影，畫一個到，實在的時間不過三四個鐘點，實在的地方不到三十里；可是不然，一兜就是三千年，一轉就是九萬里！

其實我玩的戲法並不奧妙，你們一下子就拆穿了我的西洋鏡。我這裡先是揭出了羅馬「犧牲個人以為群眾」的英雄主義，怎樣與耶穌「犧牲現在以為將來」的宗教精神不謀而合地奠定了現代文化的始基，其後說到各種因素的一起一落，此消彼長，耶教怎樣專制了人類的性靈，漠視了現實的世界，於是激起了反動，而有資本的崛起、文藝的復興、宗教的改革，形成了商人的第三帝國，其間雖有許多的福利，但有更多的悲慘。少數的個人是得志了，多數的群眾是憔悴了；現世的快樂是圓滿了，未來的信念卻動搖了，何異重踏古希臘人的覆轍？新羅馬精神，於是適應需要而起，為山窮水盡的現代文化，另闢柳暗花明的境地。是的，它指示了全世界一條新的途徑，一種新的人生觀，讓我們牢牢記著這兩句教訓：鍛鍊個性以服務群眾；努力現在以開拓將來。

呵，富於歷史性和時代性的羅馬呵！

電子書購買

爽讀 APP

國家圖書館出版品預行編目資料

蔣百里將軍的國防論 / 蔣百里 著 . -- 第一版 . -- 臺北市 : 複刻文化事業有限公司 , 2023.12

面； 公分

POD 版

ISBN 978-626-7403-36-5(平裝)

1.CST: 國防思想

599.01　112019288

蔣百里將軍的國防論

臉書

作　　者: 蔣百里

發 行 人: 黃振庭

出 版 者: 複刻文化事業有限公司

發 行 者: 複刻文化事業有限公司

E-mail: sonbookservice@gmail.com

粉 絲 頁: https://www.facebook.com/sonbookss/

網　　址: https://sonbook.net/

地　　址: 台北市中正區重慶南路一段六十一號八樓 815 室

Rm. 815, 8F., No.61, Sec. 1, Chongqing S. Rd., Zhongzheng Dist., Taipei City 100, Taiwan

電　　話: (02)2370-3310　**傳　　真**: (02) 2388-1990

印　　刷: 京峯數位服務有限公司

律師顧問: 廣華律師事務所 張珮琦律師

定　　價: 299 元

發行日期: 2023 年 12 月第一版

◎本書以 POD 印製

Design Assets from Freepik.com